私たちの生活は「確率」と「統計」であらわせる！

次に出るのは「裏」か，それとも「表」か？

今，あなたはコインの裏表を当てるゲームをしている。裏が複数回連続して出た場合，「次は表が出るのではないか」という気持ちになるのではないだろうか。しかし，よく考えてみてほしい。コインの裏表が出る確率は，過去の結果に関係なく，つねにどちらも「2分の1」である。

これは「ギャンブラーの誤謬（ごびゅう）」とよばれる錯覚であり，賭けごとなどにおいて，つい人の判断を狂わせてしまう危険をはらんでいる。

飛行機内に医師がいる確率は？

乗客300人を乗せた飛行機内で，急病人が発生したとする。乗客すべてが日本人と仮定して，少なくとも一人の医師が乗りあわせている確率はどれくらいだろうか。

日本の医師の総数33万9623人（2020年）を日本の人口1億2580万人で割ると，その確率は約0.27％となる。余事象（よじしょう）という考え方を使うと，「300人がだれも医師ではない確率」は $(1-0.0027)^{300} \fallingdotseq 0.44$ と計算できる。したがって，「少なくとも一人の医師が乗りあわせている確率」は，$1-0.44=0.56$ で「56％」となる。

正規分布のゆがみにあらわれた，若者たちの思い

統計学者ケトレーは，フランス軍の徴兵（ちょうへい）検査の際に測定された若者たちの身長について，おかしな点があることに気づいた。身長の分布をみると，おおむね正規分布に従っており，平均前後の身長の者が多く，極端に背が高い者や低い者は少なかった。ただし，157センチメートル前後の部分だけは，正規分布からはずれていたのだ。これは徴兵から逃れるため，その基準であった「157センチメートル」前後の若者が，身長をごまかしたことによるものだった。

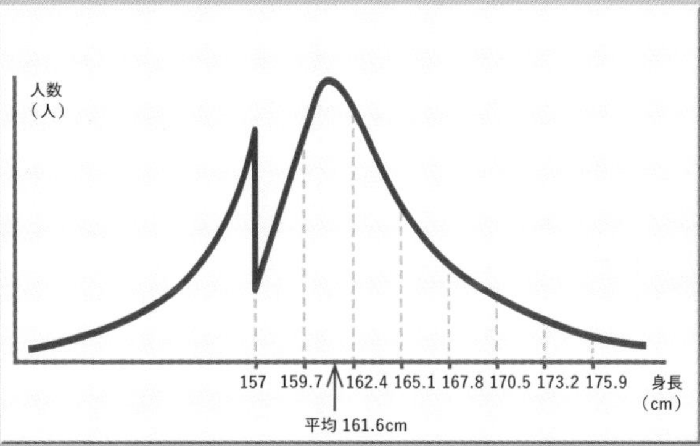

＊グラフは『知の統計学2』（福井幸男，共立出版）をもとに作成した。

人々のくらしは，どれくらい豊か？

豊かさをはかる指標の一つに，「平均寿命」がある。右下のグラフは，縦軸は平均寿命を，横軸は一人あたりの収入をあらわしている。また，一つひとつの円は国を，その大きさは人口をあらわしている。このグラフから，収入が多いと，平均寿命が長い傾向があることがわかる。

Newton
プレミア
保存版シリーズ

統計

確率,ベイズ統計,数理モデルまで,すべてがわかる

1
章

確率

監修　小山信也
協力・監修　今野紀雄

合格率や降水確率，交通事故に遭う確率など，世の中にはさまざまな「確率」が存在する。一方で，よく似た印象をもつものに「統計」がある。確率（論）は統計（学）の基礎となるものだが，両者はいったい何がちがうのだろうか。本章では，まず「確率」についてみていくことにしよう。

1

「確率」とは偶然についての数学

今，あなたが手に持っているサイコロを転がしたとき，あなたはどの目が出るかを確実に言い当てることはできないだろう。世の中は偶然におこる出来事であふれており，“未来”はまさに「神のみぞ知る」と表現するしかない。

サイコロは“偶然”や“無作為”を生みだすその性質から，紀元前3000年ごろの文明において，神様の意思を確かめる手段や，人々の行動を決める占い・儀式などの道具として，すでに広く利用されていたという※。ただし，サイコロといっても，私たちが思いえがく立方体をしたものではない。たとえばインダス文明の遺跡では棒状のものが多数発掘されており，転がしたり投げたりして使われていたと想像される。

さて，現代を生きる私たちは，数学的な計算を行ったり過去におきた出来事を分析したりすることで，ある出来事がどれくらいの確からしさでおきそうかという程度を数値であらわすことができる。私たちはこれを「確率」とよぶ。天気予報の降水確率や宝くじの当選確率など，私たちの身のまわりにはさまざまな確率が存在する。

※：ゲーム（遊び）のツールとしても使用されていた。

身のまわりには確率があふれている

私たちの生活には，いたるところで確率が関係している。天気予報や宝くじ，サイコロやトランプのゲーム，あるいは保険などでも確率が関係する。

サイコロ

サイコロを振って，各目が出る確率は $\frac{1}{6}$（約16.7%）ずつ。

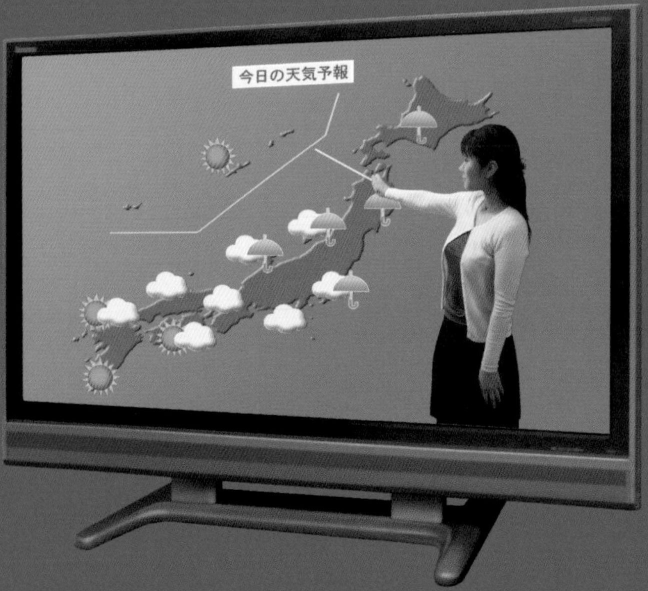

天気予報

天気予報では，たとえば降水確率などで確率を目にする。

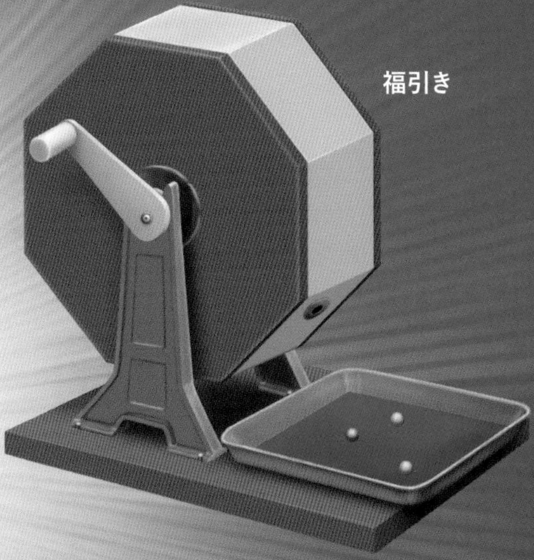

福引き

宝くじ

ドリームジャンボ宝くじの場合，あたりの枚数があらかじめ決められている。1等は1000万枚に1枚だから，1等の当せん確率は1000万分の1。

トランプ

トランプを使ったゲームでも，確率が再三顔を出す。たとえば「ポーカー」で，最初に配られた5枚でフルハウス（同番号のカード3枚と2枚のセット）の役ができる確率は，約 $\frac{1}{700}$（約0.14％）である。

確率にも種類がある

事象のおきやすさの程度を論理的に計算し，数値化したものは「数学的確率」とよばれる。数学的確率は，サイコロやコインのように“目”の出る確率がどの事象に対しても等しい場合に成り立つ。

一方，雨が降る確率や道端でお金を拾う確率など，過去におきた事象をもとにして，未来におきうる可能性を計算し，数値化したものは「統計的確率」とよばれる。

サイコロの出目の合計は いくつが出やすい？

17世紀，三つのサイコロを振って出た目の合計について，ギャンブラーたちは頭を悩ませていた。

「三つのサイコロの目の合計が9になる場合と10になる場合とでは，いったいどちらが多いのだろうか」

合計が9になる組み合わせは，（1，2，6）（1，3，5）（1，4，4）（2，2，5）（2，3，4），（3，3，3）の6通りである。一方，合計が10になる組み合わせは，（1，3，6）（1，4，5）（2，2，6）（2，3，5）（2，4，4）（3，3，4）で，こちらもやはり6通りである。それならば，9になる確率と10になる確率は同じになりそうなものだ。しかしギャンブラーたちは，経験的に9よりも10となることのほうが多いと感じていたらしい。

この疑問に答えをあたえたのが，イタリアの天文学者であり

人類の歴史上，ギャンブルは古くからさかんに行われていたと考えられている。そして確率論は，ギャンブルが生みだしたといっても過言ではないほど，両者の間には切っても切れない縁がある（上図はイメージ）。

物理学者であるガリレオ・ガリレイ（1565〜1642）である。ガリレオは，三つのサイコロを区別すべきだということに気がついたのだ。

話を単純にするために，まずはサイコロが二つの場合を考えてみよう。AとB，二つのサイコロを振って合計が2となる場合と3となる場合をくらべる（下図参照）。

数字の組み合わせとしては，2となるのは（1，1），3となるのは（1，2）で，どちらも1通りだ。しかし，二つのサイコロを区別すると，**2となるのは「Aが1，Bが1」という1通りのパターンしかないのに対し，3となるのは「Aが1, Bが2」と「Aが2，Bが1」の2通りがある。**

ゆえに，合計の目が2となるよりも，3となる確率のほうが高い（→次節につづく）。

二つのサイコロで
合計が「2」となる場合

組み合わせは1通り。
サイコロを区別した場合（順列）も1通り。

二つのサイコロで
合計が「3」となる場合

組み合わせは1通り。
ただしサイコロを区別した場合（順列）は2通り。

ガリレオ・ガリレイ
17世紀の天文学・物理学者。
確率についても考察した。

サイコロを「区別する」か「区別しない」か

では，サイコロが三つの場合にもどって，今度はそれぞれを「区別して」考えてみよう。

たとえば合計が9となる（1，2，6）という組み合わせは，ほかにも，（1，6，2）（2，1，6）（2，6，1）（6，1，2）（6，2，1）があり，合計6通りだ。一方で（3，3，3）という組み合わせは，この1通りしかない。

このような区別を行うと，合計が9となるのは25通り，10となるのは27通りとなる。つまり，**10となる組み合わせのほうが出やすいのだ。**

当時のギャンブラーたちの誤解は，現代的に言えば，順列《じゅんれつ》と組み合わせのちがいを理解して

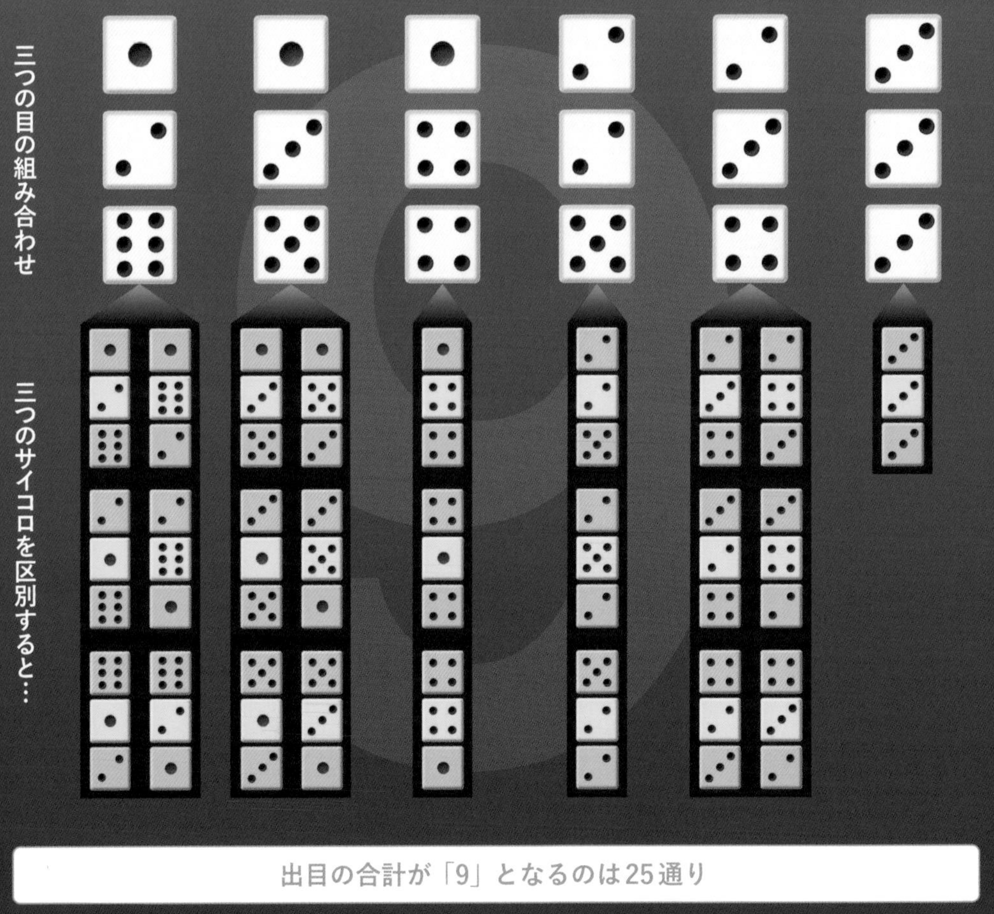

三つのサイコロの合計が9となる場合をえがいた（判別しやすいように，一部に色をつけた）。上段はサイコロを区別することなく考えた場合で，6通りの「組み合わせ」が考えられる。実際には，下段のようにサイコロを区別して「順列」の考え方をあてはめる必要があり，その場合は合計で25通りが考えられる。

いなかったことにある。**確率について考える際には，状況に応じて順列と組み合わせのどちらをあてはめるべきか，慎重に見きわめる必要があるといえる。**

出目の合計 それぞれの確率は？

三つのサイコロの合計が，最小の3から最大の18まですべてのパターンを考慮すると，その総数は216通りとなる（目の出方はそれぞれ6通りなので，6 × 6 × 6 = 216）。そのため，合計が9となる確率は $\frac{25}{216}$，10となる確率は $\frac{27}{216}$ だ。

なお，ガリレオはこのことについては記述しておらず，あくまでも合計が9となる場合と10となる場合のどちらが多いのかについて論じるにとどめている。

ちなみに，合計が11となる場合も27通りあり，三つのサイコロの目の合計として最も出やすいのは「10」と「11」である。

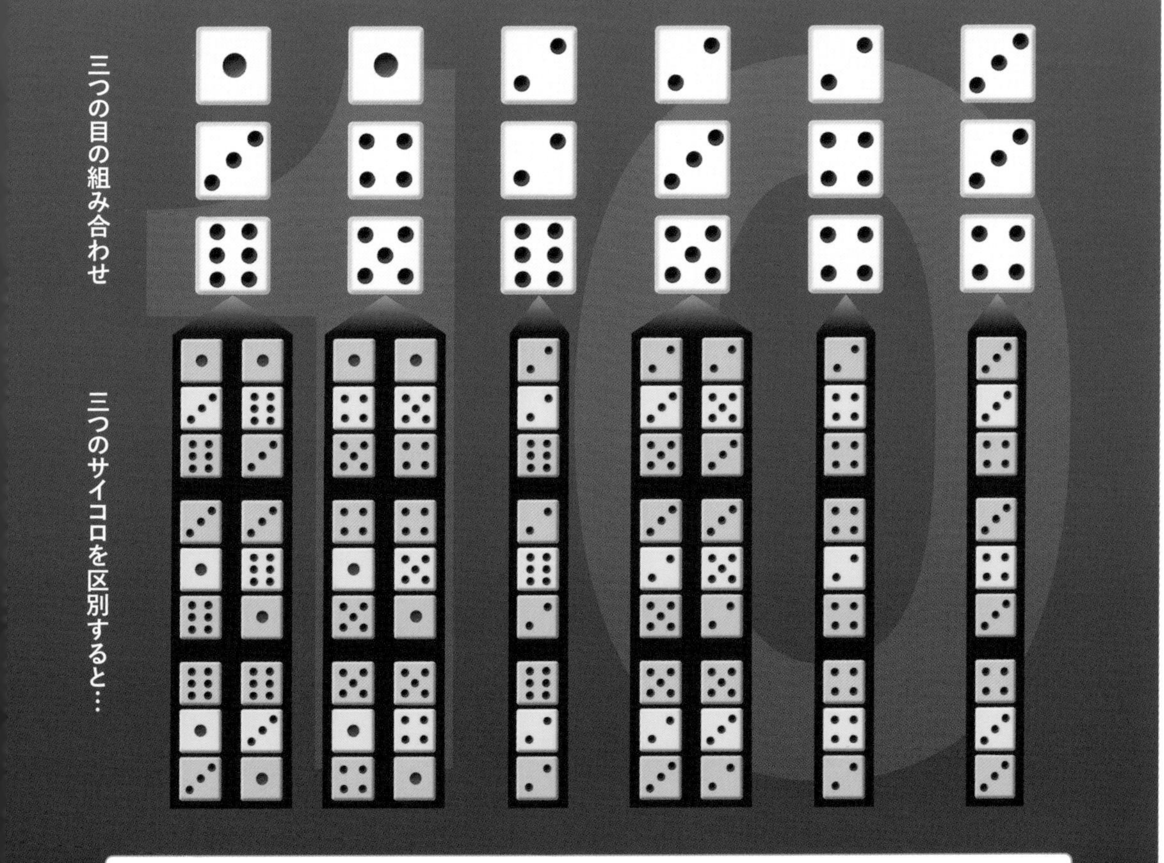

出目の合計が「10」となるのは27通り

三つのサイコロの合計が10となる場合をえがいた。サイコロを区別しない場合，合計が10となる「組み合わせ」は6通り（上段）だが，サイコロを区別すると27通り（下段）となる。それぞれのパターンが出る確率は平等なはずだから，結局，27通りのパターンがある10のほうが出やすいということになる。

すべての打順を試すには何試合必要？

ある野球チームの監督が，レギュラーメンバー9人の打順をどうするか思案していた。悩んだ末，監督は可能なすべての打順を試し，その結果から最適な打順を決定することを思いついた。1日1試合行うとすると，すべての打順を試すには，何日かかるだろうか。

答えは36万2880日，約994年だ。9人の打順は，1番バッターの候補が9通り，2番の候補が残りの8通り，3番の候補が残りの7通り…であるから，$9 \times 8 \times 7 \times 6 \times 5 \times 4 \times 3 \times 2 \times 1 =$ 36万2880通りとなる。これを365日で割ると，約994年というわけである。

このように，n個の中からr個を順番に選びだした場合の並べ方の総数を「順列《じゅんれつ》」といい，$_n\mathrm{P}_r$という記号であらわす。野球の打順の場合，9人の打順を決めるということは，9人の中から9人を選んで順番に並べることと同じであるから，$_9\mathrm{P}_9$とあらわすことができる。右で示した計算方法にしたがうと，$_9\mathrm{P}_9 =$ 36万2880と計算できる。

並び順を考えない「組み合わせ」

また，順列とあわせて覚えておくべきものに，$_n\mathrm{C}_r$という記号であらわす「組み合わせ」がある。これは，n個の中からr個を選びだした場合の組み合わせの総数である。

順列と大きくことなる点は，順番は関係ないということだ。野球チームのレギュラーメンバーの場合，9人の中から9人を選びだす組み合わせの総数は$_9\mathrm{C}_9$である。右で示した方法で計算すると，（当然ながら）$_9\mathrm{C}_9 = 1$となる。

1試合目

ありうる打順は何通り？

選手9人の打順を，試合ごとにかえていくイメージをえがいた。ありうる打順の総数は，順列の計算式を使って求めると，36万2880通りになる。

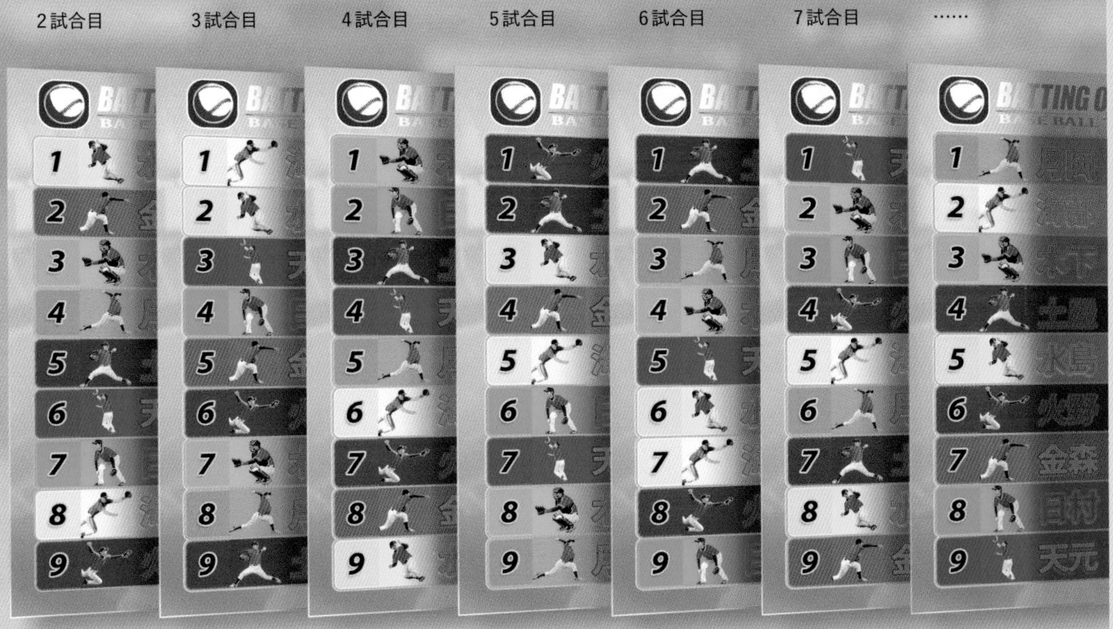

順列

$$ {}_{n}\mathrm{P}_{r} = \underbrace{n(n-1)(n-2)\cdots(n-r+1)}_{r\text{個}} $$

$$ = \frac{n!}{(n-r)!} $$

n個の中からr個を順番に選びだした場合の並べ方の総数で，上の式であらわす。「!」は階乗をあらわす記号で，たとえば「5!」は「5 × 4 × 3 × 2 × 1」という意味。ただし「0!」は，0ではなく「1」と定義されている。

組み合わせ

$$ {}_{n}\mathrm{C}_{r} = \frac{{}_{n}\mathrm{P}_{r}}{r!} = \frac{n!}{r!(n-r)!} $$

n個の中からr個を選びだした場合の組み合わせの総数で，上の式であらわす。順列とはことなり，順番は関係ない。

ありうる打順の総数

9人の中から9人を順番に選びだした場合の並べ方の総数（順列）は，${}_{9}\mathrm{P}_{9}$という記号であらわせる。

$$ {}_{9}\mathrm{P}_{9} = \frac{9!}{(9-9)!} = \frac{9!}{0!} $$

9!は「9 × 8 × 7 × 6 × 5 × 4 × 3 × 2 × 1」で，0!は「1」である。したがって，

$$ \frac{9!}{0!} = \frac{9 \times 8 \times 7 \times 6 \times 5 \times 4 \times 3 \times 2 \times 1}{1} $$

$$ = \frac{362880}{1} = 362880 $$

となる。

本格的な確率論の幕開けも「ギャンブル」がきっかけ

ガリレオが三つのサイコロの目の合計について考察した一方で，17世紀のフランスのある数学者たちも，確率論について意見交換をしていた。ブレーズ・パスカル（1623～1662）と，ピエール・ド・フェルマー（1601～1665）である。二人の意見交換のきっかけも，やはりギャンブルであった。

当時，シュバリエ・ド・メレというギャンブル好きの貴族が，ギャンブルに関するいくつかの質問をパスカルにぶつけ，パスカルはフェルマーに手紙で相談しながら，問題を解決したのである。

中断したときの賭け金の公平な返還方法は？

ド・メレは，ギャンブルを途中で中止したときの賭け金の分配について質問した。

> AとBの二人が，先に3回勝ったほうを「勝ち」とする勝負をする。Aが2回勝ち，Bが1回勝ったところで勝負を中止したら，A･Bそれぞれへの賭け金の返還はいくらにすれば公平か。

パスカルとフェルマーの答えは，次のようなものだ。実際には行われなかった4回目の勝負で，Aが勝つ確率は$\frac{1}{2}$である。この場合は決着がつき，Aの勝ちとなる。また，4回目でBが勝ち5回目でAが勝つ確率は，$\frac{1}{2}\times\frac{1}{2}=\frac{1}{4}$。よってこの勝負でAが先に3回勝つ確率は，これらを足しあわせて$\frac{1}{2}+\frac{1}{4}=\frac{3}{4}$である。

一方，Bが先に3勝するのは4回目でBが勝ち，5回目もBが勝つ場合のみだから，その確率は$\frac{1}{2}\times\frac{1}{2}=\frac{1}{4}$となる。したがって，二人の賭け金の合計を3:1で分配すればよいということになる。

掛け金の返還を公平にするには？

パスカルとフェルマーは，書簡を交わしながら，賭け金を公平に分配する方法を考察した。

右ページは，勝負が3回目まで行われ，Aの2勝1敗の段階で賭けが終了した場合の考え方である。ただし1回ごとの勝負の勝率は，A･Bともに$\frac{1}{2}$ずつとする。

ブレーズ・パスカル

17世紀の数学者。多方面で活躍し，物理の分野では，気圧の単位にその名を残している。また哲学者としては，「我々は考える葦（あし）である」という言葉が広く知られる。

ピエール・ド・フェルマー

17世紀の数学者。確率論のほかにも，数論（すうろん），幾何学（きかがく）などの分野でも活躍した。「フェルマーの最終定理」は証明の方法が長年にわたって不明だったが（フェルマー自身は証明できていたとされる），1994年に証明された。

4回目の勝負，5回目の勝負は実際には行われなかったが，それらが行われた場合の決着のつき方を，確率的に求める。その結果，もし仮に勝負をつづけていた場合にAが勝者となる確率は$\frac{3}{4}$，Bが勝者となる確率は$\frac{1}{4}$となり，AのほうがBよりも3倍有利な状況で賭けが終了したことがわかる。

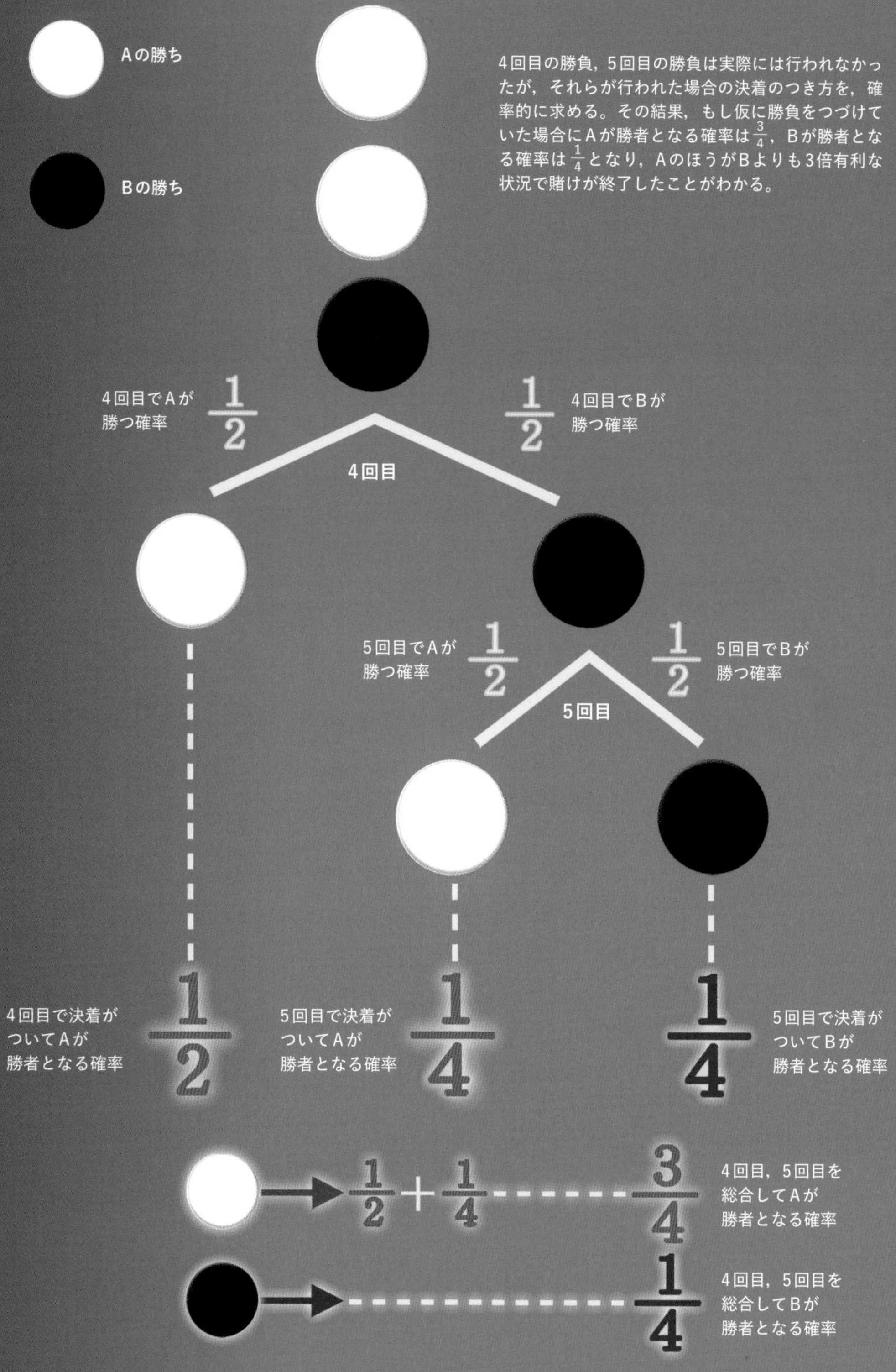

ギャンブルは やればやるほど損をする

サイコロを振るとき，それぞれの目が出る確率はすべて$\frac{1}{6}$である。しかし6回振った場合，すべての目がそれぞれ1回ずつ出るということはまれだ。ところが，サイコロを振る回数を100回，1000回…とふやしていくと，それぞれの出目の割合は，徐々に$\frac{1}{6}$に近づいていく。

このように，**ある偶然の出来事をくりかえした場合，その結果（事象の出現回数）は理論上の確率に近づいていくことを「大数《たいすう》の法則」という。**

大数の法則は，スイスの数学者であるヤコブ・ベルヌーイ（1654 ～ 1705）が証明したものだ。大数の法則が成り立つため

大数の法則

サイコロを振る回数や，振るサイコロの数を100，1000…とふやすにつれ，それぞれの目が出る割合は徐々に理論上の値である$\frac{1}{6}$に近づいていく。

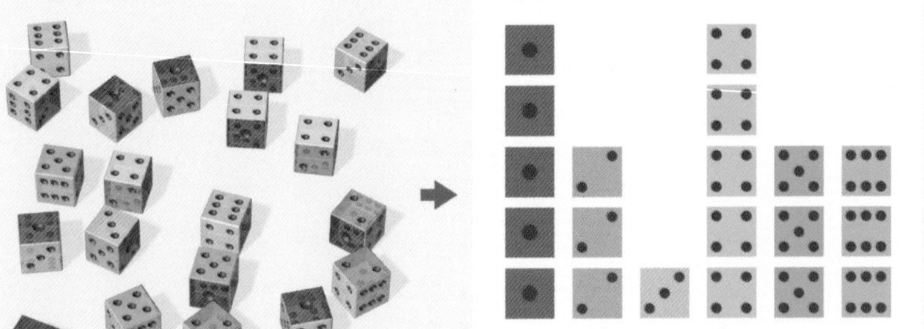

サイコロを20個振った結果

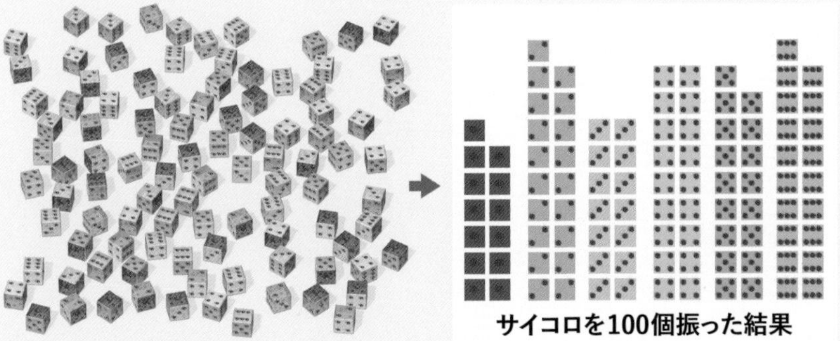

サイコロを100個振った結果

には，それぞれの事象が「独立」していなければならない。独立とは，それぞれの事象がおたがいに影響をおよぼさず，無関係であるということだ。たとえばサイコロを振るという行為は，「1が出たあとには6が出やすい」などといったことはない。つまり，何度行おうとそれぞれが独立だといえる。

世の中に存在するギャンブルは，**参加者が多くなるほど，ギャンブルの回数がふえるほど，特定の事象の出現回数は大数の法則にしたがっていく**。また，参加者が得られる賞金の期待値《きたいち》（1回の勝負で得られる金額の平均値，26ページでくわしく紹介）は賭け金より小さくなるように設定されているため，胴元《どうもと》（主催者）が損をすることはないし，勝っているところでやめないかぎり，参加者が大儲《もう》けをすることはないのだ。

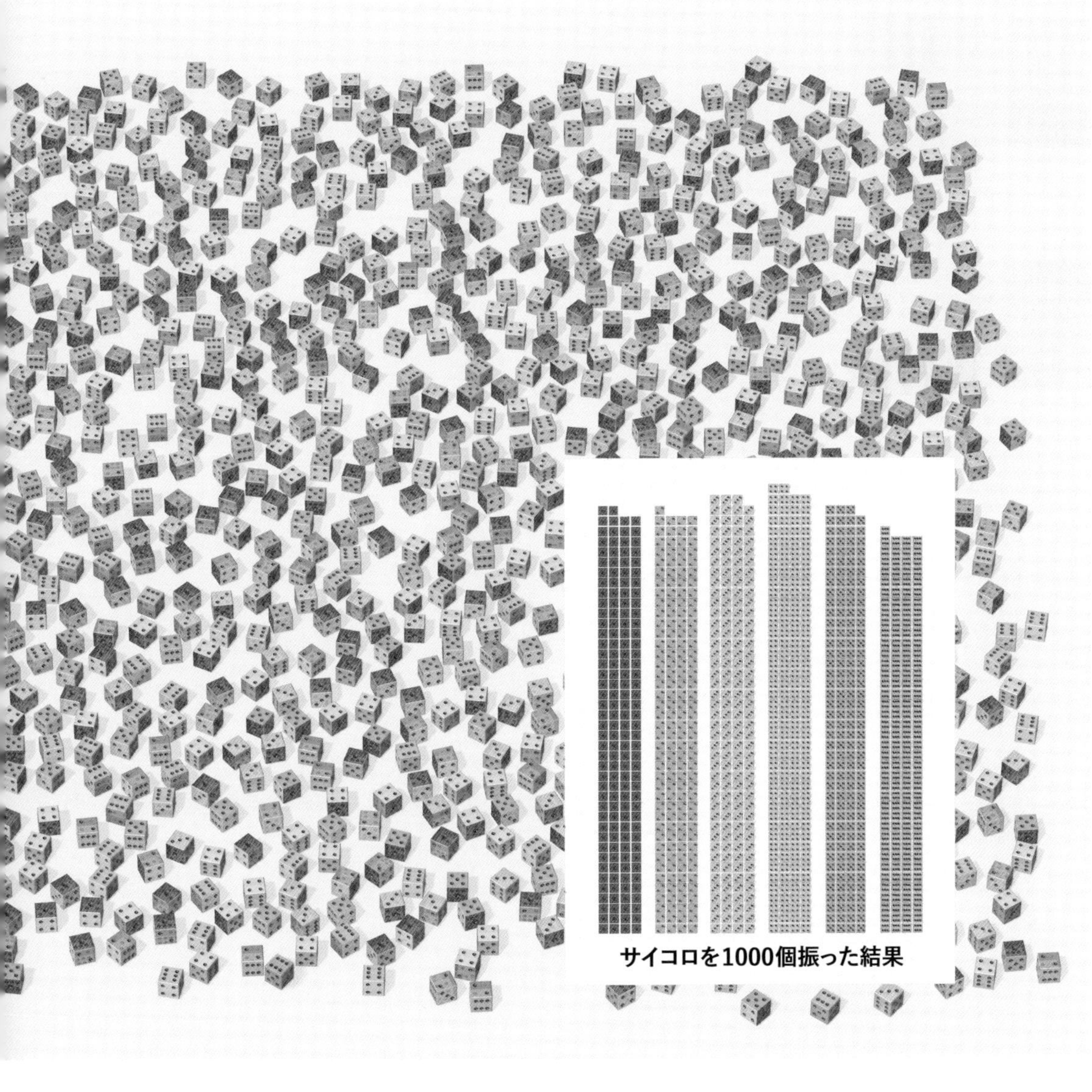

サイコロを1000個振った結果

「ツキ」は存在するのか

ギャンブルで連続して勝った場合,私たちは「ツキがあった」と喜ぶ。逆に負けがこむと「ツキがなかった」とくやしがる。“ツキ”は実際に存在するのだろうか。

下にある,1000回コイン投げをした実験結果を見てほしい。ランダムな出来事であるはずなのに,しばしば連続して同じ目が出ていることがわかるだろう。たとえば「9回連続で表がつづく」ケース,言いかえればコイン投げのギャンブルで9回連続で負け(勝ち)がつづくケースは,$(\frac{1}{2})^9=\frac{1}{512}$の確率である。1000回も投げれば,確率$\frac{1}{512}$のことがおきることもあるということだ。

結局ツキとは,あとになって検証した際に「かたよった結果」に注目してそう感じているだけで,あくまで偶然にすぎないのだ(同条件であるかぎり,確率そのものは変化していない)。

1000回コインを投げた結果

勝ちつづけられたトリック

私たちはツキをコントロールすることはできないので,出目が関係するコイン投げやルーレットなどのギャンブルでは,勝っている間に“勝ち逃げ”するのが正解ということになる。「流れが来ているから」と勝負をつづけるのは,胴元《どうもと》の思うつぼだ。胴元はゲームをつづけさせれば,理論的な確率に収束して,損を取りかえせることを知っている。だからこそ,胴元は勝っている客に寛大に振るまうのである(大数《たいすう》の法則)。

一方でイギリスのジョセフ・ジャガーズは,1873年にモンテカルロ(モナコ)のルーレットで大儲《もう》けしたことが知られている。ジャガーズは事前にカジノに部下を送り,ルーレットの出目を記録させた。そして,そのデータから特定の目が出やすいことに目をつけ,その目に賭けつづけたのだ。

サイコロやルーレットは,いかに精密につくられているといっても,それぞれの出目の確率は理論的な確率からわずかにずれている。そのずれが無視できるほど小さければ,プレイヤーは儲ける(勝ちつづける)ことができない。しかしある程度以上大きければ,異常な“ツキ”を生みだすことができるのである。

ポーカーのプロが勝てる秘密

よほど特殊な条件がそろわな

いかぎり，ギャンブルで確実に儲けることは不可能なようだ。しかしトランプを使った「ポーカー」は，ほかのギャンブルとはちがい，プロのプレイヤーが存在したりトーナメントが行われたりしている。ポーカーの役が出る確率は理論的に決まっているのに，なぜポーカーのプロは強いのだろうか。

ポーカーのプロは机上に出ているカードを見ることで，次にどんなカードが出てくる確率が高いかを推測することができるのだ。つまり素人《しろうと》よりも確率に精通し，さらに相手プレイヤーの癖《くせ》を読むことで，高い勝率を保っているのである。

たとえば私たちに身近な「じゃんけん」の勝率は，どの手も$\frac{1}{3}$である。にもかかわらず，負けることが多いと感じる人がいるならば，それは相手にじゃんけんの癖を読まれている可能性があるといえる。

たとえば，統計数理研究所のウェブサイトで公開されている「じゃんけん道場」(http://appli.ism.ac.jp/janken/janken_support.html）というゲームがある。このプログラムは，はじめはランダムに手を決めるが，やがてあなたのじゃんけんの癖を学習し，次の手を予測することであなたに勝つようになる。プログラムと引き分けられるように，つまりランダムに手を出せるようになれば，勝率は理論的な確率である50%になる。

あたりは1個 引くのは「先」が得？ それとも「後」？

今，販売機に100個のカプセルが入っている。豪華な景品と交換できるあたりは1個だけで，残りははずれである。100人が1回ずつ挑戦するとき，先に引くほうが得だろうか。それとも，あとから引くほうが得だろうか。

だれかがあたりを引けば，あとははずれしか残っていないのだから，先に引くほうが得にも思える。その逆に，あとから引くほどはずれの数が少なくなるので有利な気もするが，**実はあたりを引く確率は，何番目に引こうが $\frac{1}{100}$ で同じである。これは「くじ引きの原理」とよばれている。**

まず，1人目があたりを引く確率は $\frac{1}{100}$ である。次に，2人目があたりを引く確率は，1人目が100個中99個のはずれを引き，2人目が99個中1個のあたりを引く確率なので

$$\frac{99}{100}\times\frac{1}{99}=\frac{1}{100}$$

である（積の法則）。3人目があたりを引く確率は，$\frac{99}{100}\times\frac{98}{99}\times\frac{1}{98}=\frac{1}{100}$。このような計算をつづけていくと，何番目に引こうと，あたりを引く確率は $\frac{1}{100}$ であることがわかる。

さて，この例の重要なポイントは，一度引いたカプセルは，販売機の中にはもどさないということだ。したがって，100回引けば必ずあたりを引くことができる。

ところが，引いたカプセルを販売機の中にもどす場合，事情がかわってくる。これについては，次節で説明しよう。

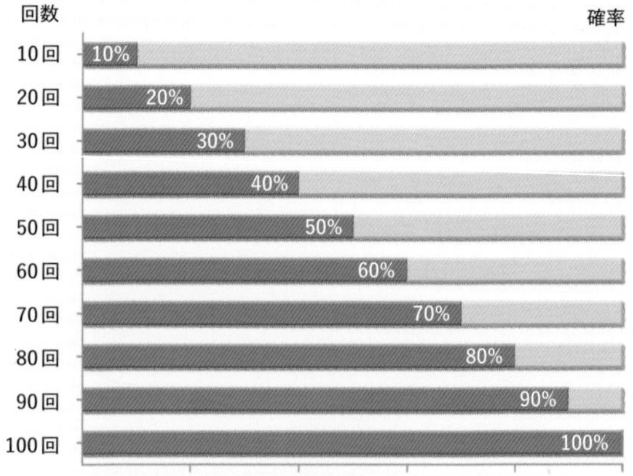

カプセルを引く回数と あたりを引く確率の関係（↑）

100個中1個があたりで，引いたカプセルをもどさないとき，10回引くまでにあたりを引ける確率は10%である。20回で20%，30回で30%だ。100回で100%となるので，100回引けば必ずあたりを引くことができる。

積の法則

Aがおきる確率（たとえば，1人目がはずれを引く確率）をaとし，Bがおきる確率（たとえば，その後で2人目があたりを引く確率）をbとする。このとき，A・Bがともにおきる確率（1人目がはずれを引き，2人目があたりを引く確率）は，aとbのかけ算（積）で求めることができる（この例では，$\frac{99}{100}\times\frac{1}{99}=\frac{1}{100}$）。これを「積の法則」という。

和の法則

Aがおきる確率（たとえば，1人目があたりを引く確率）をaとし，Bがおきる確率（たとえば，2人目があたりを引く確率）をbとする。AとBが同時におきることがない場合，AかBのいずれかがおきる確率は，aとbの足し算（和）で求めることができる（この例では，$\frac{1}{100}+\frac{1}{100}=\frac{1}{50}$）。これを「和の法則」という。

くじ引きの原理

カプセルトイやくじ引きなど，一度引いたはずれをもどさない場合，あたりを引く確率は，引く順番に関係なく同じである。この事実は直感に反するようだが，「積の法則」にしたがって計算してみると，たしかに同じであることがわかる。

100個中あたりは1個，99個ははずれ。

1人目があたりを引く確率

$$= \frac{1}{100} = 1\%$$

2人目があたりを引く確率

$$= \frac{99}{100} \times \frac{1}{99} = \frac{1}{100} = 1\%$$

3人目があたりを引く確率

$$= \frac{99}{100} \times \frac{98}{99} \times \frac{1}{98} = \frac{1}{100} = 1\%$$

4人目があたりを引く確率

$$= \frac{99}{100} \times \frac{98}{99} \times \frac{97}{98} \times \frac{1}{97} = \frac{1}{100} = 1\%$$

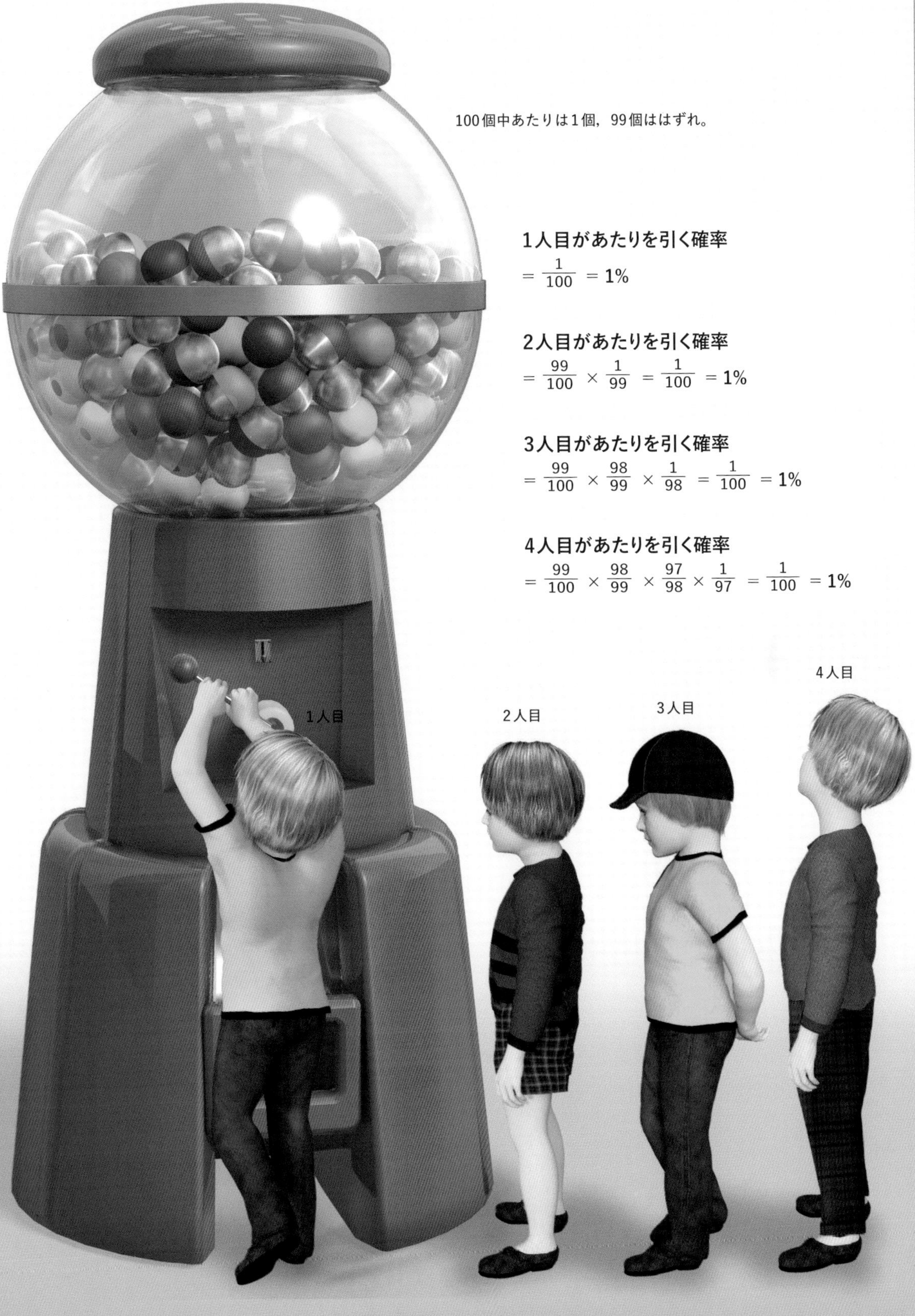

あたりが「1%」のスマホガチャは100回まわしても「確率37%で全敗」

スマートフォンのゲームには，通称「スマホガチャ」とよばれるくじがある。今，レアなアイテムを引き当てる確率が1%（＝$\frac{1}{100}$）だったとする。スマホガチャはカプセルトイと同様に，100回引けば必ずレアなアイテムが当たると考えてよいだろうか。

答えはノーだ。スマホガチャの場合は，くじを引いても（ガチャをまわしても）くじが減るわけではなく，当たる確率はかわらないからである。

100回引いて1回でも当たる確率は？

1回引いてはずれる確率は$\frac{99}{100}$だから，100回引いて100回ともはずれる確率は（$\frac{99}{100}$）^{100} ≒ 0.366となる。つまり，約37%

の人は，ガチャを100回くりかえしまわしても，レアなアイテムを引き当てることはできないのだ。

では100回のうち，少なくとも1回は当たる確率はどれくらいだろうか。このようなときに使うのが「余事象《よじしょう》」である。余事象とは，**ある出来事（事象）Aに対して，Aが発生しないことをいう**。余事象の確率は，全体の確率1からある事象Aがおきる確率を引くことで求めることができる。したがって，1－0.366＝0.634となる。つまり，当たる確率1%のスマホガチャを100回くりかえしても，レアなアイテムを手に入れることができる確率は約63%にすぎないということになる。

しかも，カプセルトイとはことなり，まわす回数をどれだけふやしたとしても，当たる確率が1（＝100%）になることはない。これが，スマホガチャのこわいところだ。

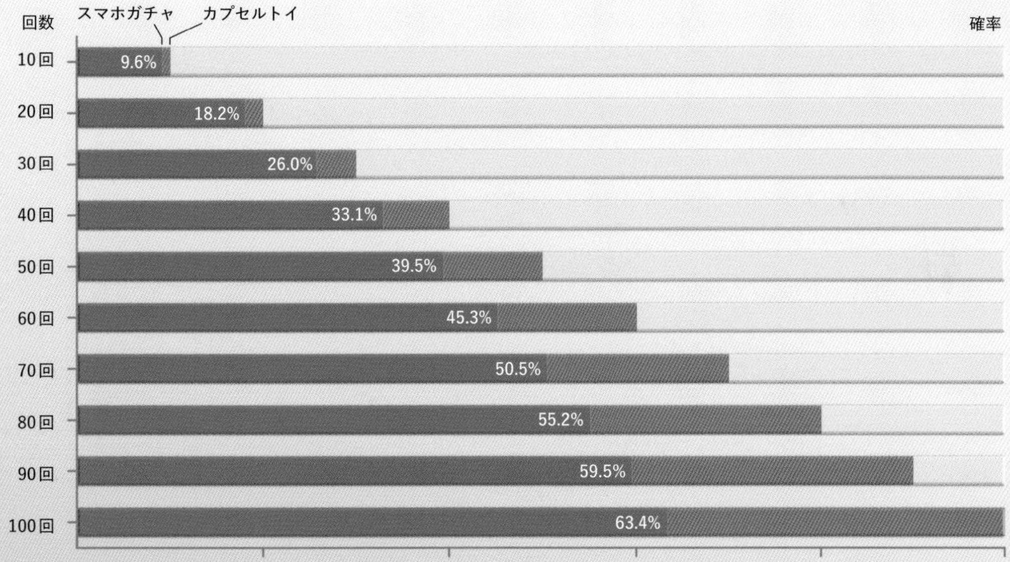

「スマホガチャ」はどんなにまわしても当たる保証はない

上のグラフは，前節で紹介したカプセルトイであたりを引く確率（ピンク）と，スマホガチャで少なくとも1回あたりを引く確率（紺色）を比較したものである。

当選確率が1%のスマホガチャ（引いたくじをもどす場合のくじ引きに相当）では，10回まわすまでに少なくとも1回当たる確率は9.6%である。20回で18.2%，30回で26.0%，100回で63.4%となる。つまり100回まわしても36.6%の確率で，すべてはずれるのである。まわす回数がふえるにしたがって，当たる確率のふえ幅も徐々に鈍化していく。少なくとも1回は当たる確率を99%以上にするには，459回以上まわす必要がある。そして，どんなにまわしても，当たる確率は決して100%にはならない。

賞金はどれだけ得られそう?「期待値」

——1個のサイコロを1回振って，1の目が出るか，1以外の目が出るか，そのどちらかに賭けてください。当たったら1万円をあげます。

このように言われたら，あなたはきっと，1以外の目が出るほうに賭けるだろう。1の目が出る確率は$\frac{1}{6}$だが，1以外の目が出る確率は$\frac{5}{6}$と，5倍も高いからである。

では，「1の目が出るほうに賭けて当たったら賞金1万円，1以外の目が出るほうに賭けて当たったら賞金3000円」と言われたらどうだろう。どちらに賭けるか，少し迷う人もいるのではないだろうか。

このような場合に，合理的な判断を下すための指標となるのが「期待値《きたいち》」である。期待値とは，ギャンブルを例にして大ざっぱにいえば，**1回の賭けでどれだけの賞金が得られると期待できるかを計算した額である。**

期待値は，「獲得賞金×確率」をすべてのケースで計算し，合計したものだ。サイコロの例でいうと，1の目が出るほうに賭けた場合は「1万円×$\frac{1}{6}$(1の目が出る確率)＋0円×$\frac{5}{6}$(1以外の目が出る確率)＝約1667円」，1以外の目が出るほうに賭けた場合は「0円×$\frac{1}{6}$(1の目が出る確率)＋3000円×$\frac{5}{6}$(1以外の目が出る確率)＝2500円」となるから，1以外の目が出るほうに賭けたほうが期待値が大きくなる，つまり賢い選択といえるだろう(→28ページでくわしく解説)。

期待値

値x_1が得られる確率をp_1，値x_2が得られる確率をp_2といったようにあらわし，全部でn通りの値を取りうるとき，期待値は下のような計算で求めることができる。

$$= x_1 p_1 + x_2 p_2 + x_3 p_3 + \cdots + x_n p_n$$
$$= \sum_{k=1}^{n} x_k p_k$$

宝くじの期待値を計算しよう

下の表は，2021年の年末ジャンボ宝くじの各賞の賞金や確率を示したものである。1～200組にそれぞれ10万通りのくじがある。これらの合計は2000万枚で，これを「1ユニット」とよぶ。1枚（300円）買うときの賞金の期待値は約150円である。

右ページでは，この1ユニットが「バラ10枚×200万セット」の場合と，「連番10枚×200万セット」の場合とで，1セット（10枚）あたりの期待値を計算しているが，どちらも約1500円で同額である。ただし，「1等前後賞（1億5000万円）以上の高額賞金を手にできる確率」を計算してみると，連番では「1000万分の6」，バラでは「1000万分の15」となり，バラのほうが連番よりも2.5倍高くなる。“高額賞金”を得る確率が低くなっても，1等前後賞あわせて10億円をねらうなら，連番で買ったほうがよいということになる。

	賞金（円）	1ユニットあたりの本数	確率	賞金×確率
1等	7億円	1	0.00000005	35円
1等前後賞（前の番号）	1億5000万円	1	0.00000005	7.5円
1等前後賞（後の番号）	1億5000万円	1	0.00000005	7.5円
1等組ちがい賞	10万円	199	0.00000995	0.995円
2等	1000万円	4	0.0000002	2円
3等	100万円	40	0.000002	2円
4等	5万円	2000	0.0001	5円
5等	1万円	60000	0.003	30円
6等	3000円	200000	0.01	30円
7等	300円	2000000	0.1	30円
はずれ	0円	17737754	0.8868877	0円
合計	—	2000万本	1	149.995円

「バラ10枚」を買うときの期待値は？

「バラ1セット」(10枚)には，すべて組がことなる，番号が連続しない（一の位が0から9までの）10枚が入っている。

①「1等を含むセット」は，200万セット中1セット（確率200万分の1）である。
バラは10枚すべての組と番号がことなるため，1等を含むセットには1等前後賞や1等組ちがい賞は含まれない。

②「1等前後賞（1等の前の番号）を1本含むセット」は，200万セット中1セット（確率200万分の1）である。
これも①と同様の理由で1等，もう一方の1等前後賞（1等の後の番号），1等組ちがい賞は含まれない。

③「1等前後賞（1等の後の番号）を1本含むセット」は，200万セット中1セット（確率200万分の1）である。
①と同様の理由で1等，もう一方の1等前後賞（1等の前の番号），1等組ちがい賞は含まれない。

④「それ以外のセット」は，200万セット中199万9997セット（確率200万分の199万9997）である。

これらを場合分けして，バラ1セットを3000円で買うときの期待値を計算すると，「1499.95円」となる。

「連番10枚」を買うときの期待値は？

「連番1セット」(10枚)には，すべて組が同じで，番号が連続した（一の位が0から9までの）10枚が入っている。

①「1等を含むセット」は，200万セット中1セット（確率200万分の1）である。
このセットには，2本ある1等前後賞がそれぞれ10分の9の確率で含まれる。
連番はすべて同じ組だから，1等組ちがい賞は含まれない。

②「1等を含むセットの直前のセット」は，200万セット中1セット（確率200万分の1）である。
このセットには，確率10分の1で1等前後賞（1等の前の番号）が1本含まれる。
①と同様の理由で，1等組ちがい賞は含まれない。

③「1等を含むセットの直後のセット」は，200万セット中1セット（確率200万分の1）である。
このセットには，確率10分の1で1等前後賞（1等の後の番号）が1本含まれる。
①と同様の理由で，1等組ちがい賞は含まれない。

④「それ以外のセット」は，200万セット中199万9997セット（確率200万分の199万9997）である。

これらを場合分けして，連番1セットを3000円で買うときの期待値を計算すると，「1499.95円」となる。

どのくらいお得？「20回に1回，全額返金」

2018年末に，ある企業が行ったキャンペーンが話題をよんだ。期間中にスマホ決済を利用すれば，10回，20回，もしくは40回に1回の確率で，購入額を全額返金するというものだ。実際には返金の上限額が設定されているなど条件は複雑だったが，「20回に1回全額返金」という条件にしぼってその意味を考えてみよう。

たとえば5万円の買い物をしたとき，参加者が得られる返金額の期待値《きたいち》は「5万円 $\times \frac{1}{20} + 0$ 円 $\times \frac{19}{20} = 2500$ 円」となる。一方で，私たちは「5%還元」というキャンペーンをよく目にするが，こちらの期待値は「5万円 $\times \frac{5}{100} \times 1 = 2500$ 円」だ。つまり「運がよければ5万円がもどってくる」というこのキャンペーンは，一見とても魅力的に感じられるが，**実はありふれた「5%還元」と“差がない”ということ**

「全額返金」と「一律還元」

20回に1回の確率で全額分の電子マネーが返金されるキャンペーンと，一律5%還元キャンペーン。実は期待値は同じになるが，参加者にあたえる印象は大きくことなるようだ。

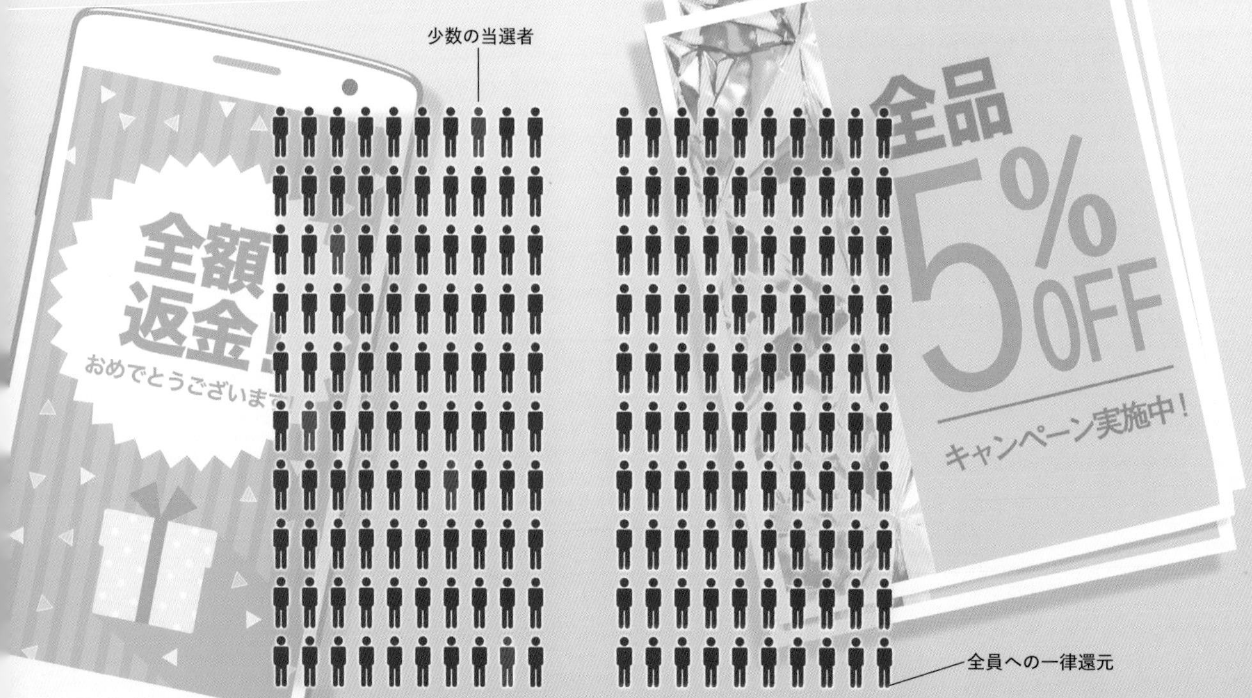

（↑）20回に1回，全額返金
5万円の買い物の場合，返金額の期待値は，「5万円 $\times \frac{1}{20} + 0$ 円 $\times \frac{19}{20} = 2500$ 円」。

（↑）一律5%還元
5万円の買い物の場合，返金額の期待値は，「5万円 $\times \frac{5}{100} \times 1 = 2500$ 円」。

になる。

「全額返金」はなぜ魅力的？

期待値は一律5%還元と同じなのに，なぜこのキャンペーンは大きく注目されたのだろうか。参加者がこのキャンペーン中に買い物をする回数は，たかが知れている。1回も当選しない（1円ももどってこない）かもしれないし，運よく全額返金に当選して5万円が返ってくるかもしれない。**参加者によって返金額の凸凹《おうとつ》が大きいのだ。**だからこそ，参加者の目には魅力的なキャンペーンに映る。

一方，企業側からみると，多数の参加者が多数の買い物を行っているから，個々の凸凹はならされる。非常に少ない回数であれば，期待値よりも多く返金することになる可能性もあるが，回数が多くなるほど，企業側が支払う返金額は**期待値（買い物総額の$\frac{1}{20}$，つまり5%）に非常に近くなっていくはずだ**（大数《たいすう》の法則）。

サンクトペテルブルクのパラドックス

上でみたように，期待値は人がよりよい判断をするための指標の一つではあるものの，万能ではないようだ。ここではその例を，もう一つ紹介しよう。

今コインを複数回投げ，「はじめて表が出たとき」に賞金がもらえるとする。賞金額は，1回目で表が出たら「1円」，2回目で出たら倍の「2円」，3回目で出たらそのまた倍の「4円」というぐあいにふえていく。30回目で出た場合，「2^{29}＝5億3687万912円」にも達する。

賞金額の期待値を計算してみると，なんと右のように「無限大（∞）」になる。これは，参加者にとって“有利な賭け”であることを意味する。しかしゲームに高額な参加料が設定されていた場合，元をとれる（5億ものお金を手に入れることができる）可能性があったとしても，多くの人はこのゲームをやろうとはしないだろう。この現象は「サンクトペテルブルクのパラドックス」とよばれている。

裏

表

1回目にはじめて表が出たとき

確率×賞金＝$\frac{1}{2}$×1円
＝$\frac{1}{2}$円

2回目にはじめて表が出たとき

確率×賞金＝$\frac{1}{2}$×$\frac{1}{2}$×2円
＝$\frac{1}{2}$円

3回目にはじめて表が出たとき

確率×賞金＝$\frac{1}{2}$×$\frac{1}{2}$×$\frac{1}{2}$×4円
＝$\frac{1}{2}$円

4回目にはじめて表が出たとき

確率×賞金＝$\frac{1}{2}$×$\frac{1}{2}$×$\frac{1}{2}$×$\frac{1}{2}$×8円
＝$\frac{1}{2}$円

5回目にはじめて表が出たとき

確率×賞金＝$\frac{1}{2}$×$\frac{1}{2}$×$\frac{1}{2}$×$\frac{1}{2}$×$\frac{1}{2}$×16円
＝$\frac{1}{2}$円

これらを無限に足したものが期待値となり，その額は無限大になる（発散する）。

たがいに出しあうトランプが1回も一致しない確率は？

右ページのイラストのように，Aさんと Bさんの2人がそれぞれ，エースからキングまで13枚のトランプをもち，シャッフルしてから1枚ずつ同時に出していく。13枚を出し終わった時点で，二人が出したカードの数字が1回も一致しない確率は何％だろうか。

この問題は，1708年にフランスの数学者ピエール・レモン・モンモール（1678 ～ 1719）がカードが n 枚の場合について論じたことから，「モンモールの出会いの問題」とよばれるようになった。

この確率を求めることはむずかしく，多くの著名な数学者たちを悩ませた（今では確率論の歴史上，最も重要な問題の一つにも数えられている）。そして1740年ごろ，この問題を解決したのが，世界一美しいと称される「オイラーの等式（$e^{i\pi} + 1 = 0$）」などで知られるスイスの数学者，レオンハルト・オイラー（1707 ～ 1783）だった。

13枚のトランプの問題では，Aさんのカードの出し方は全部で13! = 62億2702万800通りである。このうち，すべてのカードがBさんが出した数字と1回も一致しない場合の数を考える。この数は，モンモールにちなんで「モンモール数《すう》」とよばれている。

n = 13のモンモール数（C_{13}）は22億9079万2932なので，これを13! で割ると，1回も一致しない確率は約37%となる。逆に，その余《よ》事《じ》象《しょう》である「少なくとも1回は数字が一致する」確率は，約63%となる。

実は n が5をこえたあたりからは，n がどれだけふえても，1回も一致しない確率は約37%でほとんどかわらない。つまりこの「約37%」という確率は，さまざまな場面に登場する興味深い確率なのである。

n	$n!$	モンモール数 C_n	$C_n / n!$
1	1	0	0
2	2	1	0.5
3	6	2	0.333…
4	24	9	0.375…
5	120	44	0.366…
6	720	265	0.368…
7	5040	1854	0.367…
8	40320	14833	0.367…
9	362880	133496	0.367…
10	3628800	1334961	0.367…
11	39916800	14684570	0.367…
12	479001600	176214841	0.367…
13	6227020800	2290792932	0.367…
14	87178291200	32071101049	0.367…
15	1307674368000	481066515734	0.367…
16	20922789888000	7697064251745	0.367…

オイラーは n が∞に近づいていくとき，この確率が自然対数の底であるネイピア数 e = 2.718…の逆数 $\frac{1}{e}$ = 0.367…に近づいていくことに気がついた。つまり，カードの枚数をふやせばふやすほど，この確率は0.367…に近づいていく。

モンモール数

それぞれに1から n までの数字が書かれた n 枚のカードを並べていくことを考える。このとき，何番目に並べたかと，カードに書かれた数が一致しない（5番目に5の数字が書かれたカードが来るといったことがおきない）ような並べ方の数を C_n とする。C_n は，次のような式であらわせることがわかっている。

$$C_n = n!\ \left(1 - \frac{1}{1!} + \frac{1}{2!} - \frac{1}{3!} + \cdots + (-1)^n \frac{1}{n!}\right)$$

このCₙは，モンモールにちなんで「モンモール数」とよばれている。モンモールの出会いの問題では，この C_n を $n!$ で割った答えが求める確率となる。n が1から16までの値は，上に示した表のとおりだ。

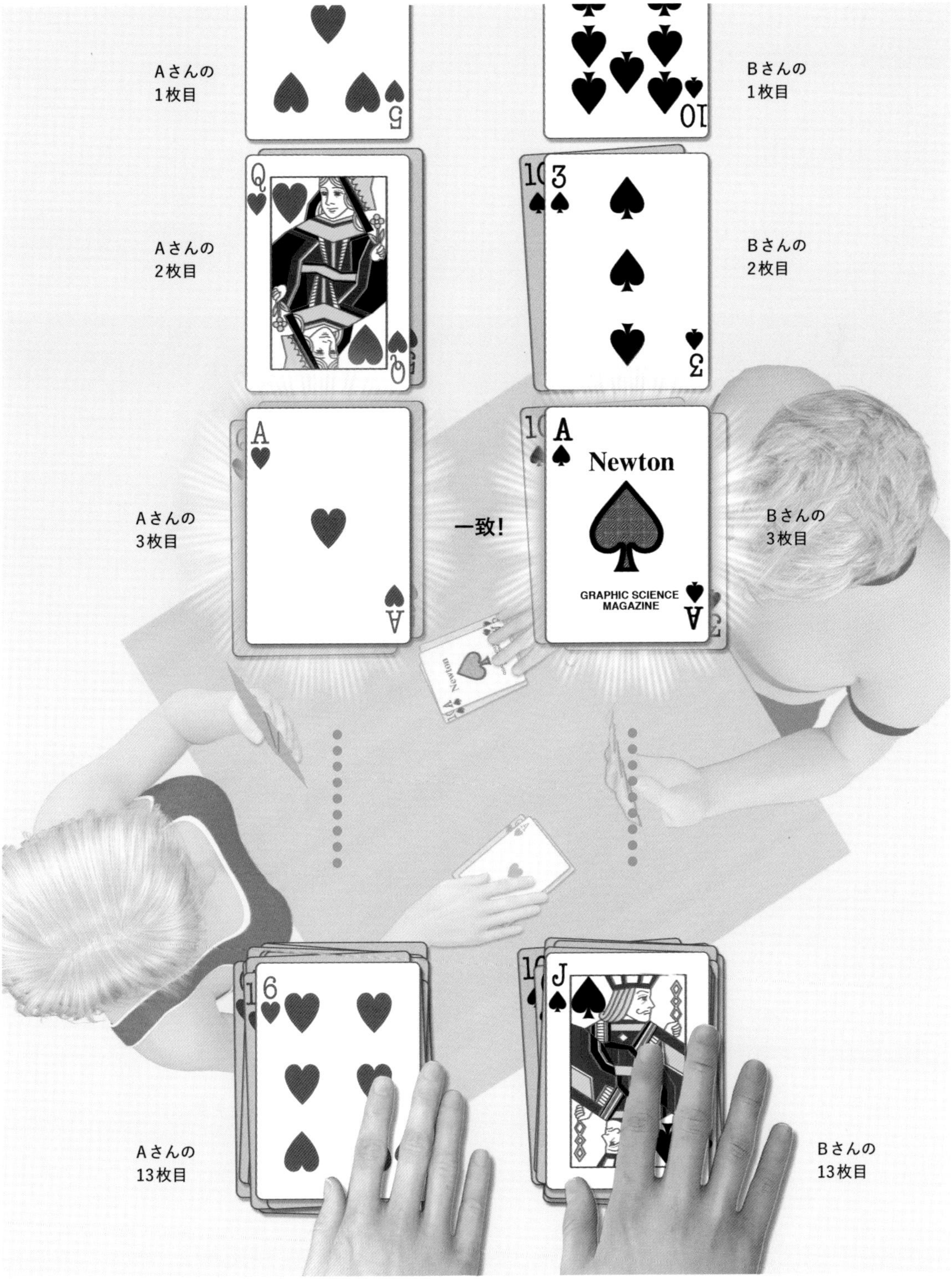
Aさんの
1枚目
Bさんの
1枚目
Aさんの
2枚目
Bさんの
2枚目
Aさんの
3枚目
一致!
Newton
GRAPHIC SCIENCE
MAGAZINE
Bさんの
3枚目
Aさんの
13枚目
Bさんの
13枚目

不規則で予測不能な動き「ランダム・ウォーク」

無限につづく1本の数直線を考えてみよう。右ページ上の図を見てほしい。コインを投げ，表が出たら点Pは右に，裏が出たら左に進むものとする。このような操作をくりかえしていくと，**最初原点にあった点Pは，時間の経過とともにふらふらと動きつづける。**

このような不規則で予測不能な動きを，「ランダム・ウォーク」という。酔った人が千鳥足《ちどりあし》で歩く姿に似ていることから，「酔歩《すいほ》」ともよばれる。左右に移動する確率は半々なのだから，点Pはいつまでたっても原点の近くをうろうろとしそうなものだ。しかし，実際に計算してみるとそうはならない。**点Pがじわじわと原点から離れていくことのほうが，確率的によくおきる。**

紅茶に入れたミルクはなぜ広がっていく？

自然現象や身のまわりの現象の中には，ランダム・ウォークと同じような動きをみせるものが数多く存在する。たとえば，紅茶が入ったカップにミルクを注ぐと，スプーンでかきまぜなくても，時間の経過とともにミルクは紅茶とまざり合いながら，徐々に広がっていく。この「拡散《かくさん》」という現象は，ミルクの粒子が，ランダム・ウォークの例である「ブラウン運動」によって不規則に運動し，その結果として，元の位置から離れていくことなどによっておきているのだ。

また，株価や暗号資産（仮想通貨）など，金融商品の値動きは予測不能であり，ランダム・ウォークする性質をもっているとされている。これを最初に見つけたのは，フランスの数学者ルイ・バシュリエ（1870～1946）である。ランダム・ウォークはほかにも，うわさや感染症の広がり方，交通渋滞のシミュレーションなど，さまざまな現象の解析に使われている。

ランダム・ウォーク

1～3次元の格子上でのランダム・ウォークをえがいた。2次元の場合は前・後・左・右にそれぞれ $\frac{1}{4}$ の確率で，3次元の場合は前・後・左・右・上・下にそれぞれ $\frac{1}{6}$ の確率で進むという設定にしてある。実際にコンピュータなどでシミュレーションすると，どの場合でも，時間の経過とともに原点から遠ざかっていく傾向があらわれる（確率的な動きなので，原点付近にとどまることも低確率ながらありえる）。

1次元のランダム・ウォーク

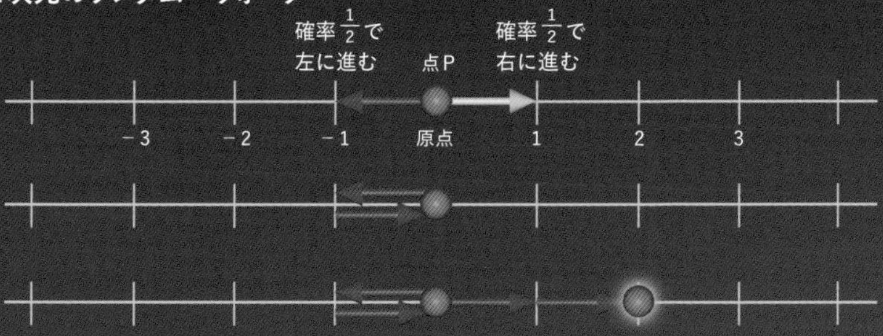

2次元のランダム・ウォーク

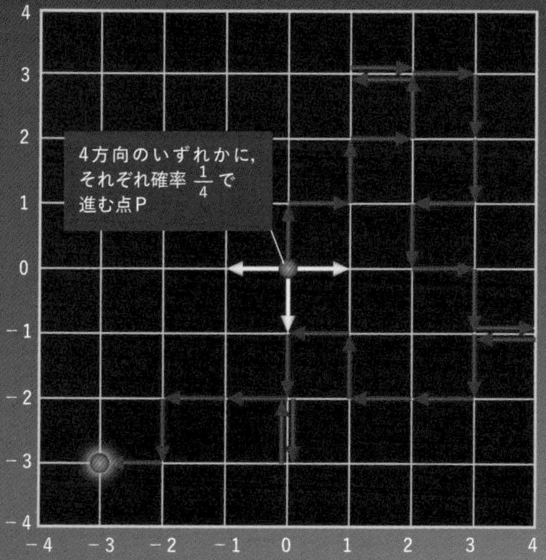

3次元のランダム・ウォーク

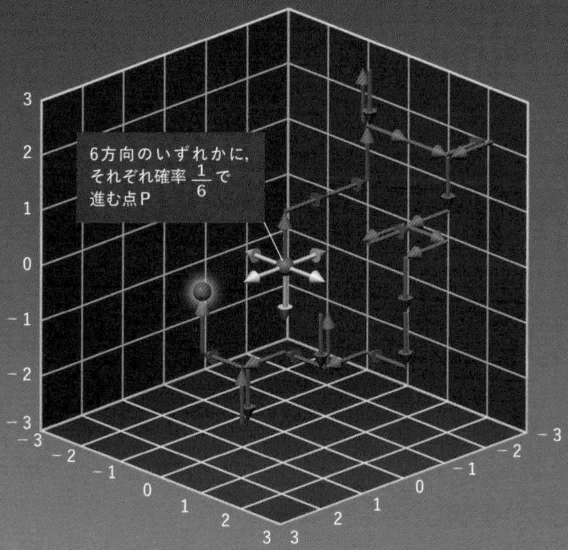

思考力をみがく
確率の問題

監修　小山信也／今野紀雄
執筆　今野紀雄（60 ～ 61ページ）

本章では,「確率」への理解をより深めるための，さまざまなタイプの問題を用意した。問題といっても数学パズルの性質をもったものばかりなので，堅苦しくとらえずにチャレンジしてみてほしい。なお，答えは本文後半に登場するので，自力で解きたい人は，ページの一部をかくしながら読み進めることをおすすめする。

2

トランプの並び方と宇宙年齢

今，あなたの前にジョーカーを除いた52枚のトランプがある。このトランプの並び方の全パターン（組み合わせ）と，宇宙が誕生してから現在までに経過した時間とでは，どちらの数のほうが大きいだろうか。なお，ここでは宇宙の年齢を138億歳とする。つまり**138億年を秒に換算して，1秒に1回トランプを並べ替えたとき，その時間内ですべてのトランプの並び方のパターンを示しきれるかどうかということだ。**

まず，トランプ52枚の並び方のパターンを考えてみると，52!（＝52×51×50×49×……×1）通りとなる。これを計算すると，「80,658,175,170,943,878,571,660,636,856,403,766,975,289,505,440,883,277,824,000,000,000,000」という68けたの数となる。

一方，宇宙の年齢である「138億年」を秒に換算すると，138億年×365日×24時間×60分×60秒で，「435,196,800,000,000,000」という18けたの数であらわすことができる。よって，トランプの並び方のパターン数のほうが圧倒的に多い。

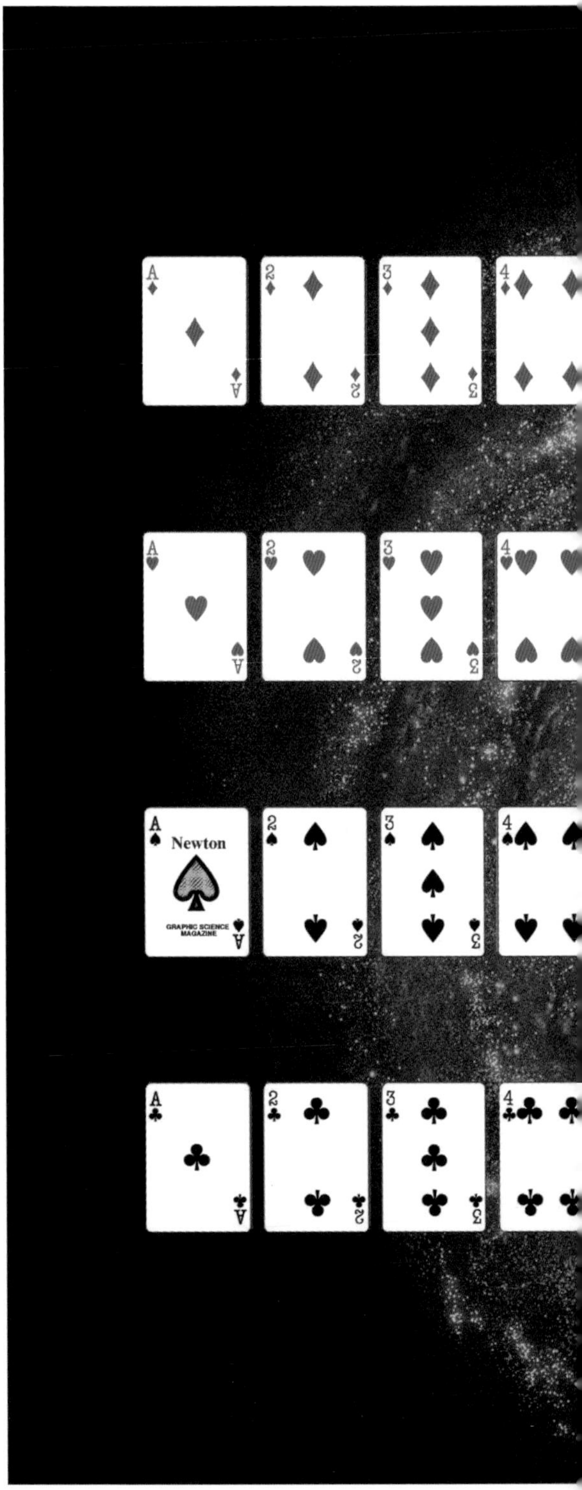

「ロイヤルストレートフラッシュ」ができる確率は？

ロイヤルストレートフラッシュは，同じマークで，10，J（ジャック），Q（クイーン），K（キング），A（エース）がそろってできる，ポーカーで最高の役だ。まず，マークをスペードに限定すると，手元に配られた5枚のカードでこれらがそろう確率は，積の法則で次のように計算できる。

$$\frac{5}{52}\times\frac{4}{51}\times\frac{3}{50}\times\frac{2}{49}\times\frac{1}{48}=\frac{1}{2598960}$$

マークは全部で4種類あるので，求める確率はこの4倍の「約65万分の1」（0.000154%）となる。

あなたはゲームの誘いを受けるべきか

Aさんがあなたに，次のようなゲームをしないかと提案してきた。まず，つぼの中に赤いボールを2個，青いボールを2個入れる。次に，つぼの中から同時に2個のボールを取りだす。このとき，取りだした2個のボールの色が同じであればAさんの勝ち，ちがう色であればあなたの勝ちとなる。

Aさんは「取りだされる2個のボールは，“同じ色”か“ちがう色”かの二つに一つだから，確率は五分五分だ。負けたほうが勝ったほうに，1万円を支払うことにしよう」と言った。あなたはこの誘いを受けるべきだろうか。

このゲームでは「同時に2個ボールを取りだす」というルールだが，**これはボールを1個取りだして，残りの3個の中からもう1個ボールを取りだすこととかわりはない。**

仮に，1個目に取りだしたボールが赤だったとしよう。ここで，つぼの中に残っているボールは「赤，青，青」である。これらの中から次に青が取りだされる確率は$\frac{2}{3}$，赤が取りだされる確率は$\frac{1}{3}$だ。つまり，あなたが勝つ確率（取りだされた2個のボールがちがう色になる確率）は，Aさんの2倍となる※。Aさんが言った“確率が五分五分”というのは，誤りだったのである。

よって，あなたはこの誘いを受けたほうがよい。

※：1個目に取りだされたボールが青だったとしても，同様の確率となる。

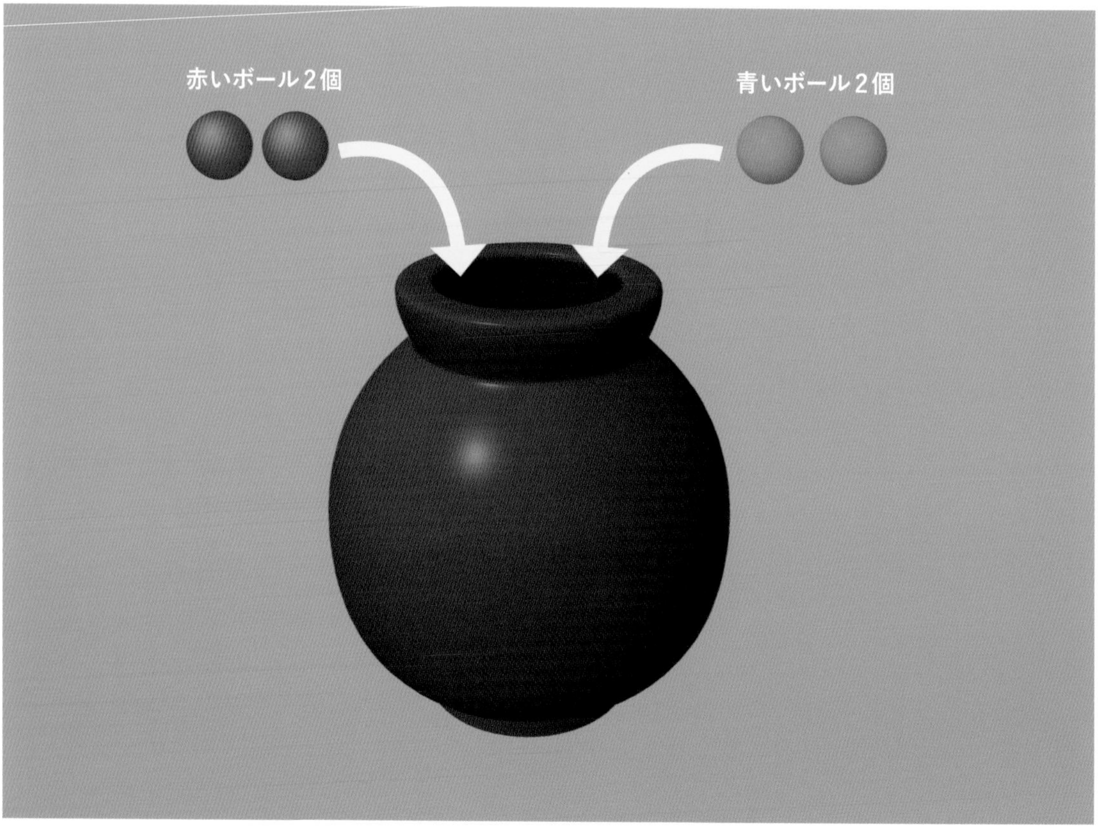

ゲームのルール

つぼの中から
同時に2個のボールを取りだして，
色が同じであれば「Aさんの勝ち」，
ちがう色であれば「あなたの勝ち」。

＝
同じこと

つぼの中から
1個ボールを取りだし，
さらにもう1個ボールを取りだして，
色が同じであれば「Aさんの勝ち」，
ちがう色であれば「あなたの勝ち」。

仮に，最初に取りだしたボールが赤だったとする。

↓

つぼに残っている3個のボールは（赤，青，青）。

そこからもう1個ボールを取りだしたときに青が出る確率は，

$$\frac{2}{3}$$

よって，あなたが勝つ確率は $\frac{2}{3}$ となる。

6文字を並べ替えてあらわれる受験生へのメッセージ

── GAKKOUという6文字を並べ替えてできる文字列のうち，アルファベット順で100番目になるものは何か。

これは，駿台予備学校の数学科講師，若月一模《わかつきかずのり》氏が，受験生向けの電車の中づり広告で出題した問題である。この問題を解くには，コツコツ地道に調べていくのがよいだろう。まず，6文字をアルファベット順に並べるとAGKKOUとなる。**アルファベット順ということは，辞書式で考えたときと同じなので，**まずは先頭にAを固定し，以降の文字の並びが何通りあるかを考える。2文字目は，残り5文字（GKKOU）のうちどれかなので

100番目にあらわれる文字列をさがしだせ

この問題は，数学の問題でありつつ（授業では「場合の数」や「順列・組み合わせ」の分野），受験生を応援するメッセージにもなっているということで，当時SNSなどで話題になった。

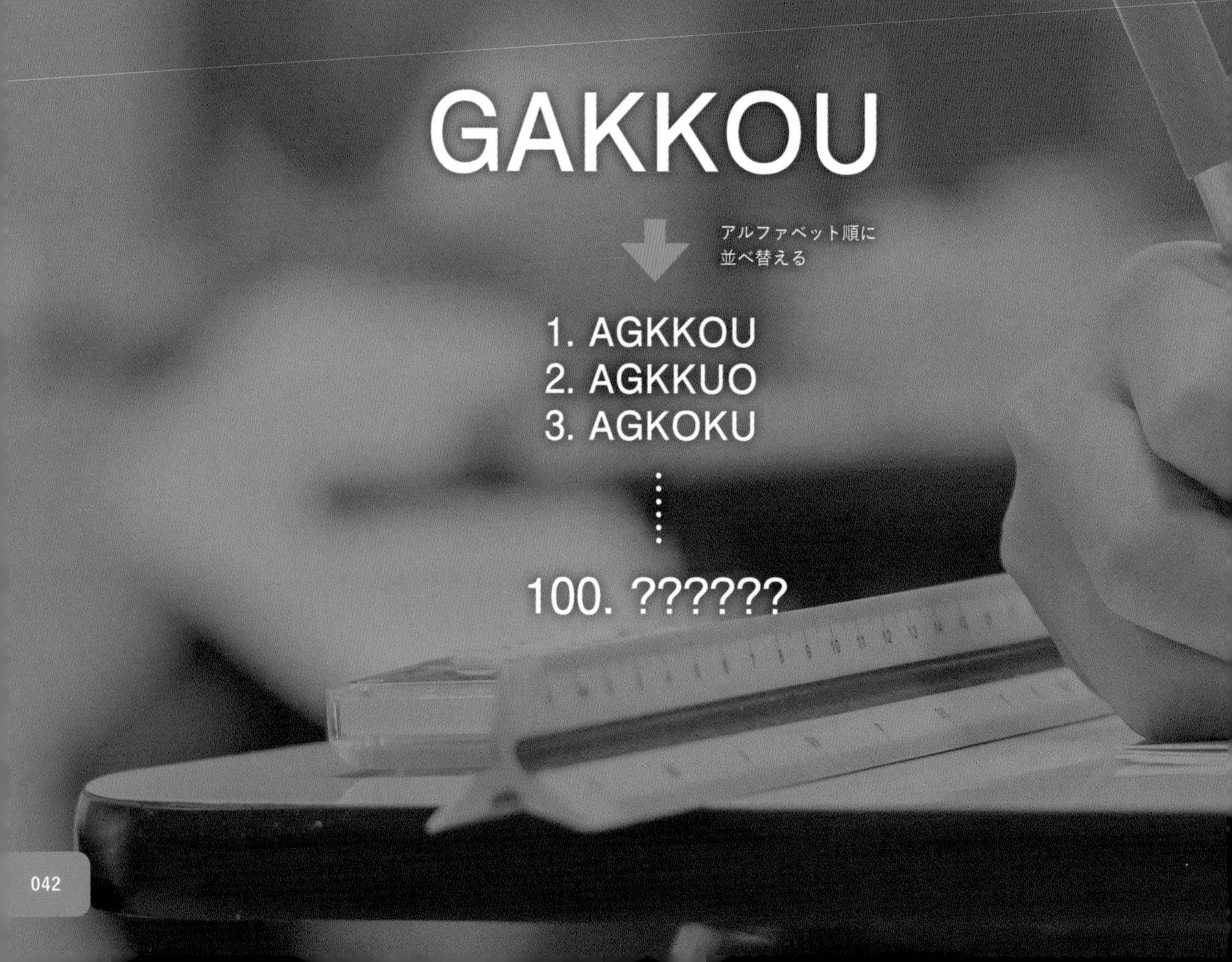

5通り，3文字目は同様に4通り…となり，全部で5×4×3×2×1＝120通りとなる。

ただしKは二つあり，**現状ではそれらが入れ替わった文字列も別物として2回数えてしまっているため,** 120を2で割る。これにより，Aを先頭とする文字列は60通りあることになる。

次に，先頭がGの文字列について考える。Aのときと同じように，2文字目以下の文字（AKKOU）をすべて並べ替えることを考えると, 答えは60通りとなる。

ここで合計120通りとなり，100（番目）をこえてしまう。そこで，G以外でアルファベット順が最も“前”のAを2文字目に固定し，3文字目以下が何通りあるかを考える。すると4×3×2÷2＝12通りとなる。以降は2文字目がKの文字列，Oの文字列…とくりかえしていくと（下図参照)，100番目の文字列は「GOKAKU」，つまり「合格」となる。

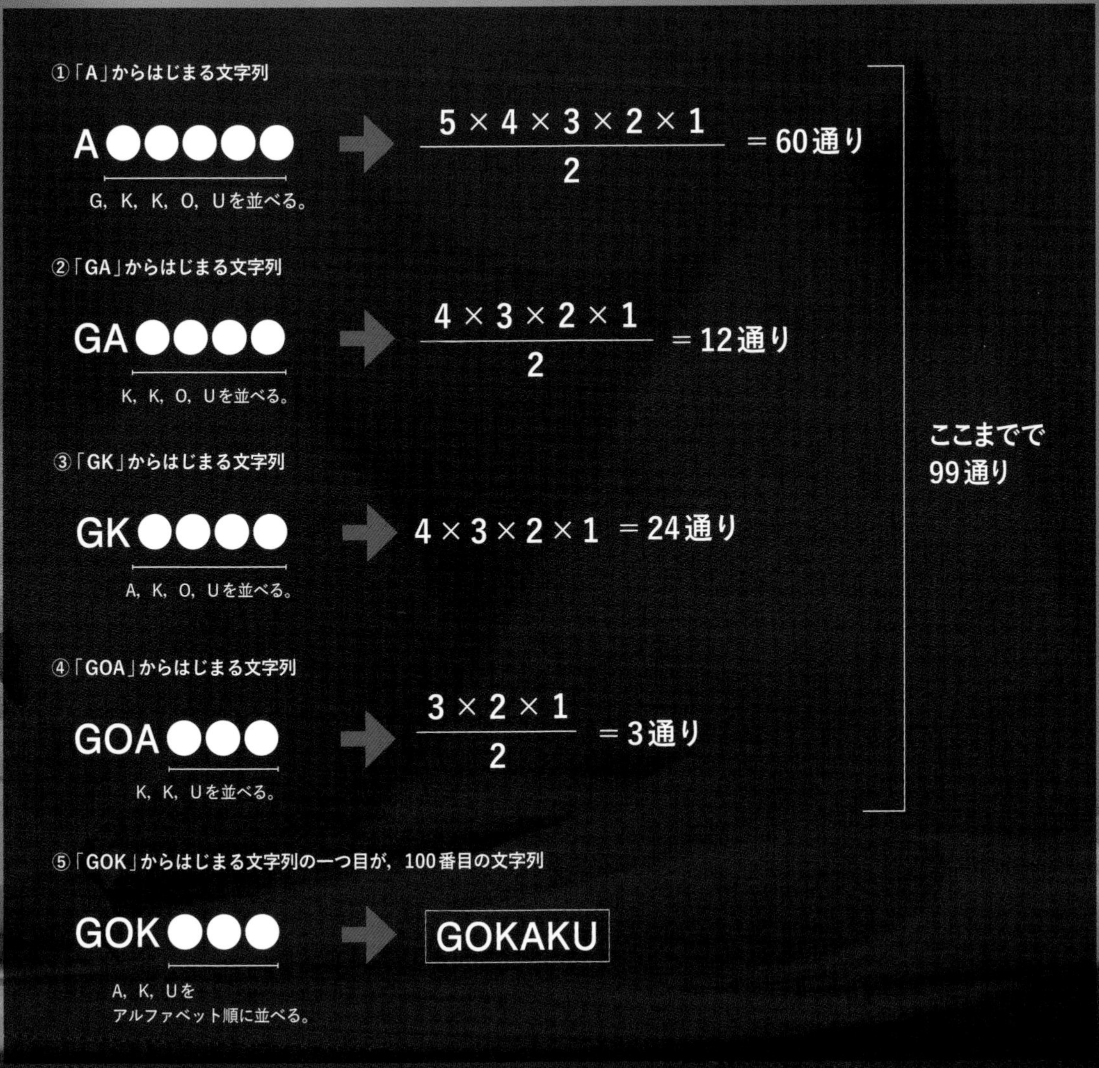

＊この問題は，駿河台学園および若月一樸氏の了承を得て掲載している。

コイン投げ100回分の結果 ねつ造されたのはどっち？

あるアメリカの大学の教授は，学生たちに次のような宿題を出した。「家に帰って100回コインを投げ，その結果を記録したものを提出してほしい。ただし，コインを投げたふりをして，100回分の結果をねつ造してもかまわない」。すると，翌日教授は提出されたもののうち，どれがねつ造された結果であるかを次々に言い当て，学生たちをおどろかせたという。

下図は，一方がNewtonがコインを実際に100回投げた結果，もう一方がねつ造した結果である。1行目は1～10回目，2行目は11～20回目…の結果で，黒は表，白は裏が出たことをあらわしている。あなたはどちらが実際の結果で，どちらがねつ造かを見抜けるだろうか。

二つを見くらべると，**Aは表と裏がムラなく均一に出ているのに対し，Bは同じ面が連続して出ているところがいくつかある（5～9回目で表が5連続，61～67回目で裏が7連続）。**直感的には，同じ面が連続して出る確率は，表と裏が均一に出る確率よりも低いと思われるため，Bがねつ造された結果のように感じる人も多いだろう。

実際のところ，同じ面が連続して出る確率はどれくらいあるのだろうか。

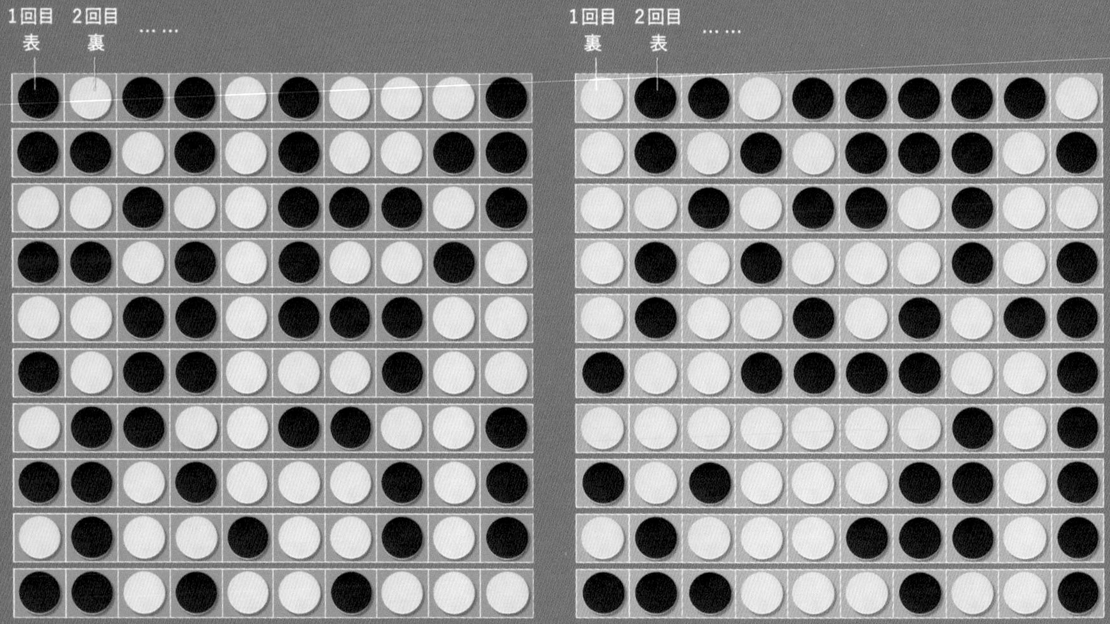

A　　　B

AとBどちらがねつ造？

注目すべきポイントは，「同じ面が連続して出る回数」である。私たちは，コインを100回投げた場合，同じ面が何回も連続して出る確率は低いだろうと予想しがちだ。ところが実際には81％の確率で，5回連続以上で表が出る。教授はこのことを知っていたので，学生のねつ造を見抜くことができたというわけだ。

同じ面が連続して出る確率は直感よりもはるかに高い

下に示した表は，n回コインを投げたときに，最大k回連続で表（裏の場合も同様）が出る確率を，計算とシミュレーションから求めたものだ。たとえば20回コインを投げたときに，途中に裏をはさみながら，表が2連続，3連続，2連続，4連続と出たときには，$n = 20$，$k = 4$となる。

ここで注目すべきは，**コインを100回投げたときに，表が5連続以上出る確率である。**この確率は，表の$n = 100$の欄のうち，$k = 5$以上の確率をすべて足しあわせることで求められる。すなわち，コインを100回投げると81％の確率で，表が5回以上連続して出るのだ。

以上から，最大でも3回しか表（または裏）が連続していないAが，ねつ造された結果であるといえる。

下の一覧表では，コインをn回投げたときに，最大k回連続で表が出る確率を，kの値ごとに示した。濃いオレンジ色の欄は，あるnに対して確率が最大になるkの値を示している。

	$k = 0$	$k = 1$	$k = 2$	$k = 3$	$k = 4$	$k = 5$	$k = 6$	$k = 7$	$k = 8$	$k = 9$	$k = 10$
$n = 3$	13%	50%	25%	13%							
$n = 5$	3%	38%	34%	16%	6%	3%					
$n = 10$	0%	14%	35%	26%	14%	6%	3%	1%	0%	0%	0%
$n = 25$	0%	0%	13%	29%	25%	15%	8%	4%	2%	1%	0%
$n = 50$	0%	0%	2%	16%	28%	24%	15%	8%	4%	2%	1%
$n = 100$	0%	0%	0%	3%	16%	26%	23%	15%	8%	4%	2%
$n = 200$	0%	0%	0%	0%	3%	16%	26%	22%	15%	8%	4%

これを計算で求めるには，高校数学で習う「漸化式（ぜんかしき）」の知識が必要だが，やや複雑になるのでここでは省略する。かわりに，例として$n = 5$の場合について，すべての目の出方（32通り）を調べあげてみる。

k=0のとき（1通り）

●●●●●

＊○を表，●を裏とする。

確率：$\frac{1}{32} = 0.03125$（約3％）

k=1のとき（12通り）

○●●●●　○●●○●
●○●●●　○●●●○
●●○●●　●○●○●
●●●○●　●○●●○
●●●●○　●●○●○
○●○●●　○●○●○

確率：$\frac{12}{32} = 0.375$（約38％）

k=2のとき（11通り）

○○●●●　●○●○○
●○○●●　○○●○●
●●○○●　○○●●○
●●●○○　●○○●○
○●○○●　○○●○○
○●●○○

確率：$\frac{11}{32} = 0.34375$（約34％）

k=3のとき（5通り）

○○○●●
●○○○●
●●○○○
○●○○○
○○○●○

確率：$\frac{5}{32} = 0.15625$（約16％）

k=4のとき（2通り）

○○○○●
●○○○○

確率：$\frac{2}{32} = 0.0625$（約6％）

k=5のとき（1通り）

○○○○○

確率：$\frac{1}{32} = 0.03125$（約3％）

一覧表と同じ値が得られたことが，おわかりいただけるだろう。左ページのAでは表が最大で3連続，Bでは最大で5連続出ている。一覧表の$n = 100$の行を見てみると，$k = 3$となる確率は約3％であるのに対して，$k = 5$となる確率は約26％だ。ここから，Bにくらべて Aのような結果は得られにくく，Aがねつ造である可能性が高いと結論づけることができる。

少なくとも一つの大学に合格する確率は？

ある受験生が，A，B，C，D，E，Fの六つの大学を受験するという。この受験生の各大学の合格確率は，模擬試験の結果から，順に30%，30%，20%，20%，10%，10%と判明している。この受験生が，少なくとも一つの大学に合格する確率はどれくらいだろうか。

まず，すべての大学に不合格となる確率は，それぞれの大学に不合格となる確率を掛けあわせたものだから，$\frac{7}{10}\times\frac{7}{10}\times\frac{8}{10}\times\frac{8}{10}\times\frac{9}{10}\times\frac{9}{10}$ で求められる（右図A）。次に，確率全体をあらわす1（＝100%）から，今求めた「すべての大学に不合格になる確率（約25.4%）」を差し引くと，少なくとも一つの大学に合格する確率が約74.6%と求められる（右図B）。

以上は，24ページで紹介した余《よ》事《じ》象《しょう》を使った求め方だが，**少なくとも一つの大学に合格する確率をすべての場合に分けて計算し，それらを足しあわせて答えを出すこともできる**（ただし非常に手間がかかる，右図C）。

また，あくまでも計算上の話ではあるが，一つひとつの合格率は低くても，多くの大学を受験すれば，合格を勝ち取る可能性は高くなることがわかる。この事実は，精密な工業製品をつくるときなどには大きな問題となる。たとえば，ある製品は100個の部品からなり，それらのうち一つでも不良品があると作動しないとする。それぞれの部品が正常なものである確率が99%だとすると，この製品が作動しない確率（少なくとも1個の部品が不良品である確率）は $1-\left(\frac{99}{100}\right)^{100}$，つまり約63.4%となる。

A. すべての大学に不合格になる確率

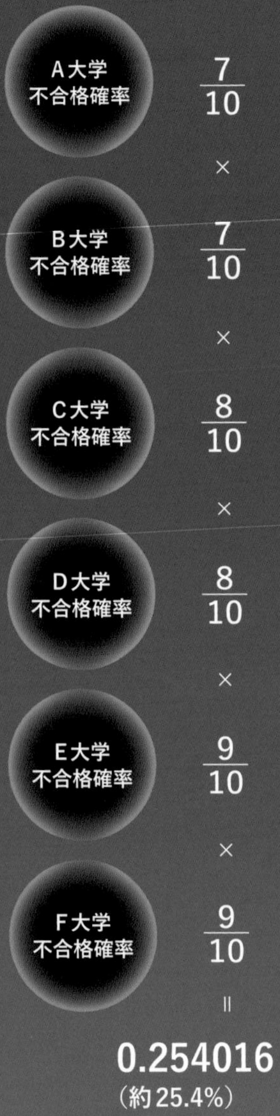

B.
少なくとも一つの大学に合格する確率

＝確率全体－すべての大学に不合格となる確率

1 － 0.254016
＝ 0.745984（約74.6%）

C.
少なくとも一つの大学に合格する確率
（すべての場合に分けて計算した場合）

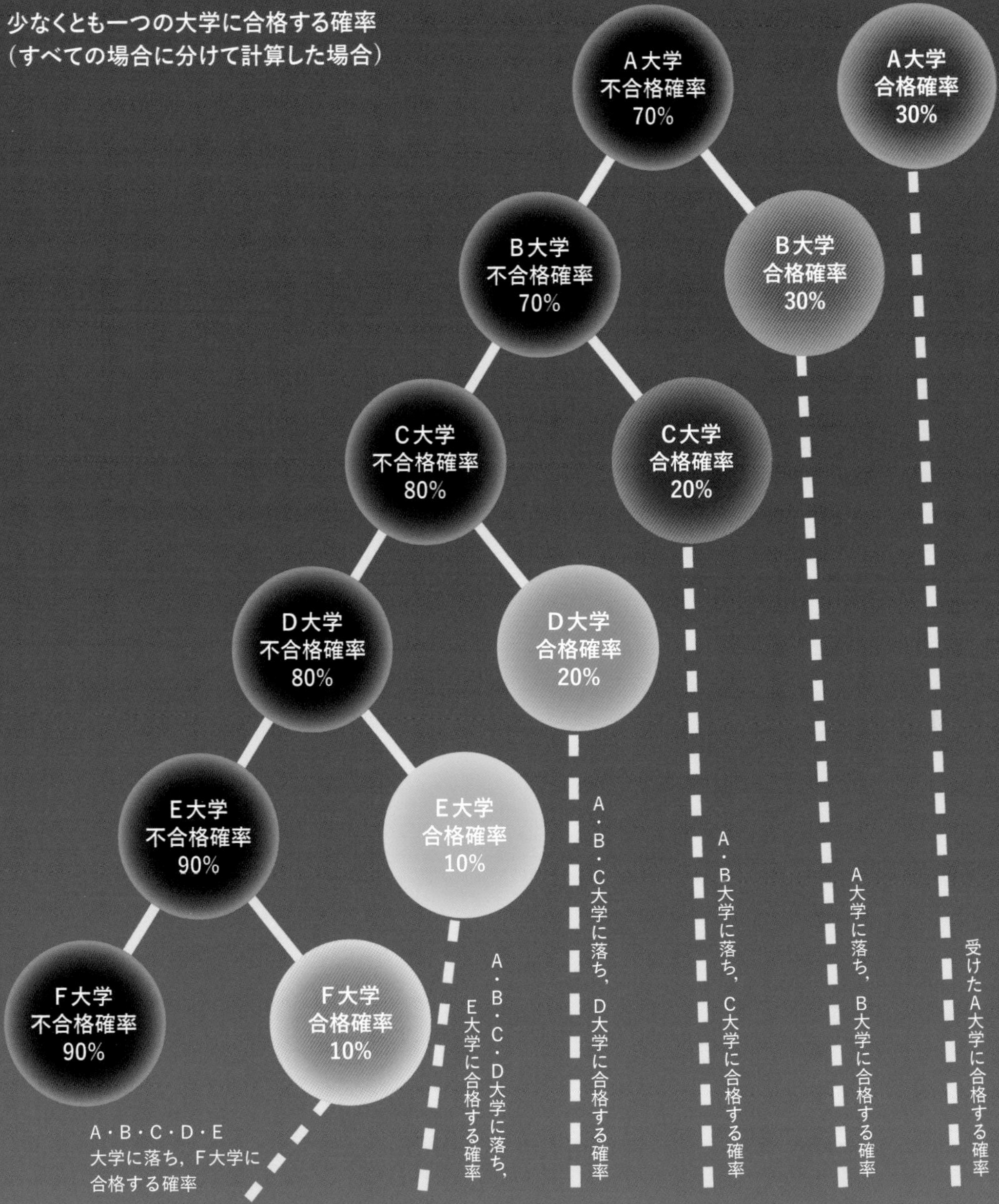

A×B×C×D×E×F　A×B×C×D×E　A×B×C×D　A×B×C　A×B　A

$$\frac{28224}{1000000}+\frac{3136}{100000}+\frac{784}{10000}+\frac{98}{1000}+\frac{21}{100}+\frac{3}{10}$$

＝ **0.745984**（約74.6%）

囲碁の先手の決め方は公平？ 不公平？

囲碁では先手のほうが有利といわれているので，実力差がある場合は，強い人のほうが後手となる。しかし両者の実力が同じくらいのときは，「にぎり」という方法で先手・後手を決める。

にぎりでは，**どちらか一方が相手に見えないように，白い石を適当な数だけ握る（ただし0個は認められていない）。相手はその石の個数が，奇数であるか偶数であるかを当てる。**予想が当たれば先手となり，黒い石を使う。予想がはずれれば後手となり，白い石を使う。

この方法は，一見公平なようにみえる。しかし，**奇数になる確率と偶数になる確率は本当に同じなのだろうか。**

実は，奇数になる確率のほうがわずかに高い。理由は，握られる碁石の個数が奇数（1）からはじまるためだ。話を簡単にするために，少ない碁石で考えてみよう。

碁石が全部で4個しかなかった場合，握られる碁石の個数は1か2か3か4で，偶数と奇数は同じ確率で出る。一方で碁石が全部で3個しかなかった場合，握られる碁石の個数は1か2か3となり，奇数の確率のほうが高くなることがわかる。よって，先手を取りたければ「奇数」と予測するほうが，わずかに有利となるのである。

解説

碁石が全部でn個あるとすると，“握られる”パターンの組み合わせは，2^n-1通りある（“-1”は0個取るのがNGであるため）。奇数個取る組み合わせと偶数個取る組み合わせは，それぞれ2^{n-1}通り，$2^{n-1}-1$通りだ。よって，奇数個取る確率と偶数個取る確率は，それぞれ次のようになる。

$$\frac{2^{n-1}}{2^n-1}\ ,\quad \frac{2^{n-1}-1}{2^n-1}$$

碁石の個数を5として計算すると，それぞれ$\frac{16}{31}$(約51.6%)，$\frac{15}{31}$（約48.4%）となる。なお，石の数が多いほど確率の差は小さくなる。

同じ誕生日の人がいる確率はどれくらい？

Nさんの会社の社長は，イベントが大好きだ。ある日，社長が社員を集めてこんなことを言った。「誕生日をむかえた人には，特注でつくらせた日付入りのグラスをプレゼントしよう。会社が休みの日が誕生日となる人には，休みがあけた日に渡すことにする」。

そこでNさんは「同じ誕生日の人がいた場合は，人数分のグラスが用意されるのでしょうか」と質問した。すると社長は「グラスはとても高価なので，一つの日付につき1個しかつくれない。ただ1年は365日もあるので，全社員の中に同じ誕生日の人がいる確率は低いと思うよ」と返した。はたして社員50人の中に，同じ誕生日のペアが1組でもいる確率はどれくらい

なのだろうか。

この確率を求めるには，**50人の誕生日がすべてことなる確率を求めて，それを1から引けばよい。**

まず，50人の誕生日のあらゆる場合の数は，365^{50}通りである（Aとする）※。次に，50人の誕生日がすべてことなる場合の数を求める。1人目の誕生日は，どの日でもよいので365通り。2人目は，1人目の誕生日をさけなければいけないので365－1＝364通り。3人目は同様に365－2＝363通り。以下，50人目の誕生日までを考えると，365×364×363×……×（365－49）となる（Bとする）。

50人の誕生日がすべてことなる確率は，1－（B÷A）で求められる。これを計算すると，1－0.03＝0.97（97％）となる。つまり，**50人の中には必ずといっていいほど，同じ誕生日のペアがいるということになる。**

※：2月29日生まれを考慮しない場合。

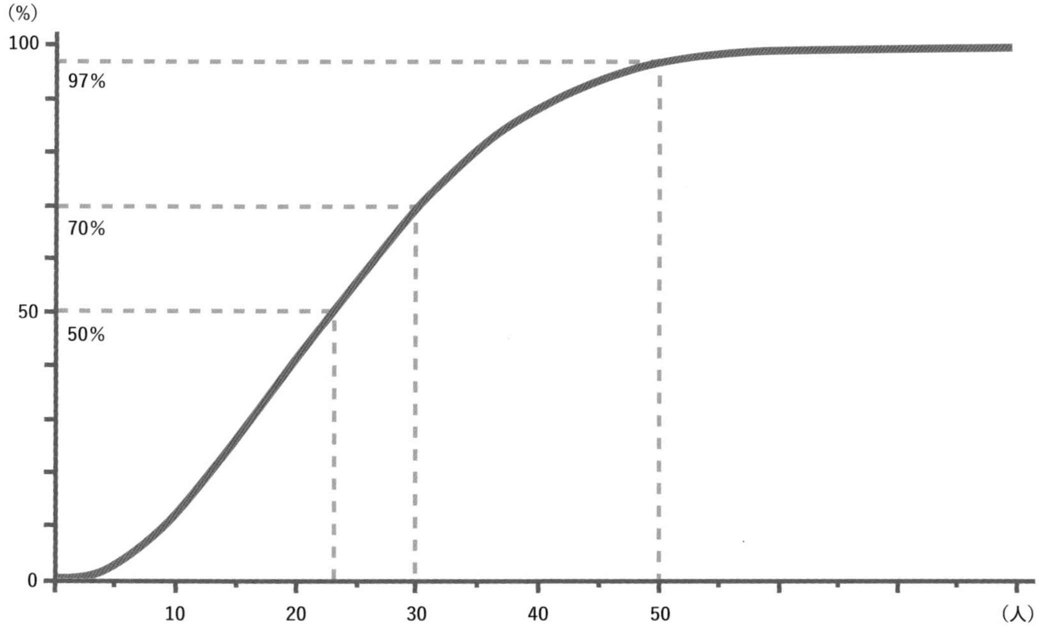

誕生日が一致する確率（↑）

上のグラフは，社員の人数（横軸）と，同じ誕生日の組ができる確率（縦軸）の関係を示したものだ。社員の人数が「23人」をこえると誕生日が一致する確率は50％をこえ，「30人」では約70％に達する。

損するゲームが勝てるゲームに？「パロンドのパラドックス」

あなたは今，ある任務に失敗し，悪の組織にとらえられている。あなたは指定されたA・B二つのゲームに勝ち，所持金を一定額以上にふやすことができなければ，永久に解放しないと告げられた。それぞれのゲームは当然，あなたにとって有利にはできていない。ルールは次のとおりだ。

> ゲームA：コインを投げて，表が出れば相手から1円もらい，裏が出れば相手に1円渡す。普通のコインの場合，表と裏の出る確率は50%ずつになるが，今回使うのは少しゆがんだコインで，表49.5%・裏50.5%となり，あなたが所持金を失う確率のほうが高い。
>
> ゲームB：Aと同じようにコインを投げて，表が出れば相手から1円もらい，裏が出れば相手に1円渡す。ただし，所持金が3の倍数になっているときは，表9.5%・裏90.5%の確率で出る「負けやすいコイン」を使う。所持金が3の倍数になっていないときは，表74.5%・裏25.5%の確率で出る「勝ちやすいコイン」を使う。

ゲームAをつづけた場合，あなたの所持金はどのように変化するだろうか。この確率の計算はとても大変なのでコンピュータを使って計算すると,「所持金は減りつづける」という結果が出る。これは，ゲームBをつづけた場合でも同様だ。しかしAとBを交互に（組み合わせて）行うと，なんと所持金はふえていく。

確率的に負けることがわかっている二つのゲームを組み合わせると，勝てるゲームになる。このような現象を「パロンドのパラドックス」とよぶ。もしあなたが本文のような状況に追い込まれたなら，相手にゲームの組み合わせを提案してみてはいかがだろうか。

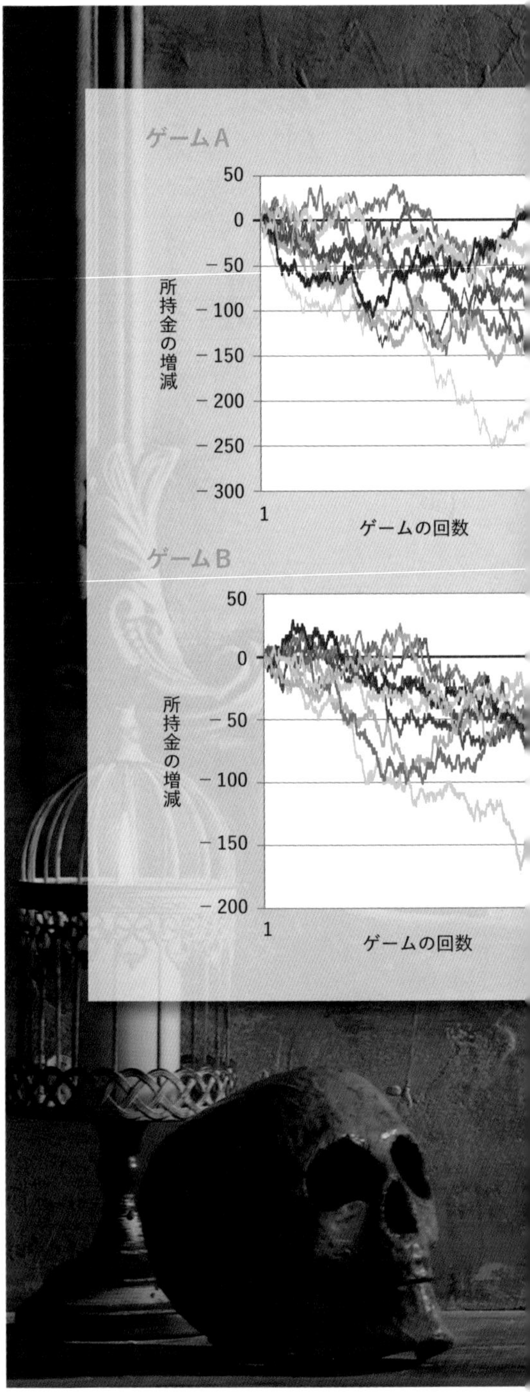

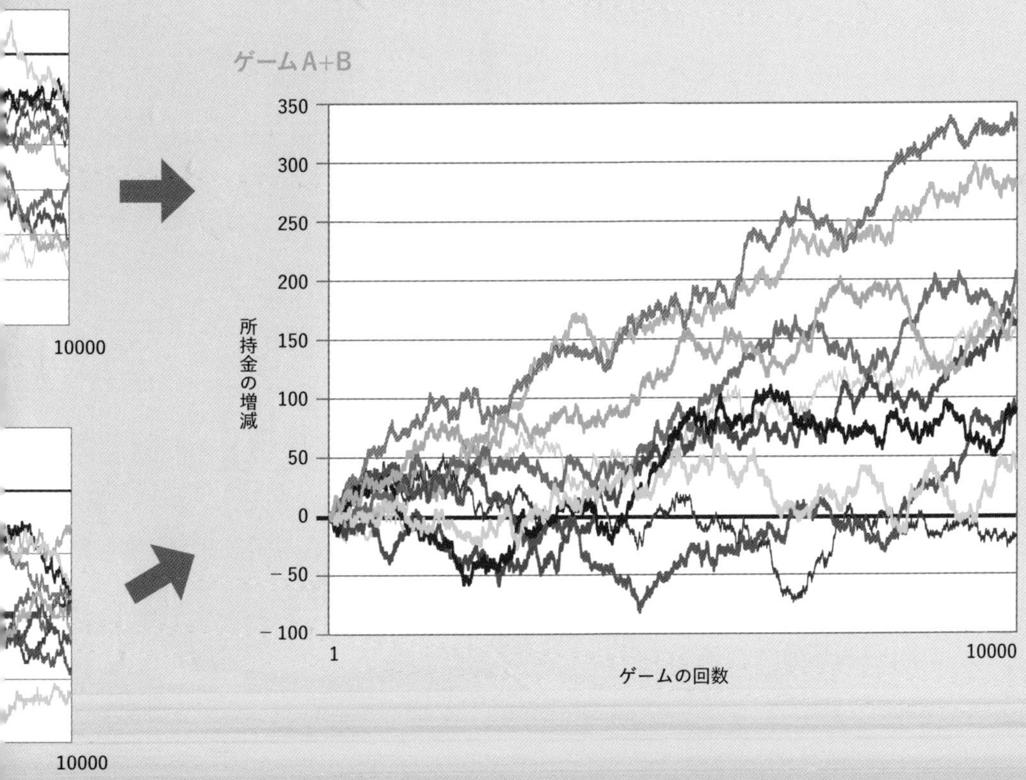

パロンドのパラドックス

単独でつづけていったら損をすることが明らかな二つのゲームを組み合わせると，勝てるゲームになる。なお図中のグラフは，いずれも10セット行ったときの結果を示している（1セットずつ色で区別した）。

普通のサイコロと“同じ確率分布”をもつ「シチャーマンのサイコロ」

サイコロを二つ投げて，出た目の和をとる。このとき，和がどんな値になるかの確率を調べると，下のような分布のグラフ（確率分布）になる。

ここで，一方のサイコロを「1，2，2，3，3，4」という目をもつ特殊なサイコロにかえてみよう（下図・緑色のサイコロ）。このような場合でも，**普通のサイコロを投げたときと確率分布がかわらないようにするためには，もう一方のサイコロはどんな目をもてばよいだろうか。**

まずは，「1，2，2，3，3，4」

有名クイズ作家が紹介した 不思議なサイコロ

シチャーマンのサイコロを考案したのは，アメリカのクイズ作家ジョージ・シチャーマンである。同国の数学者でさまざまな数学パズルをつくりだしたことで知られるマーティン・ガードナー（1914～2010）が，『Scientific American』という科学雑誌で1978年に紹介した。

目が正の整数のみで構成されている二つのサイコロで，目の和が普通のサイコロと同じ確率分布をもつものは，シチャーマンのサイコロしかないことがわかっている。

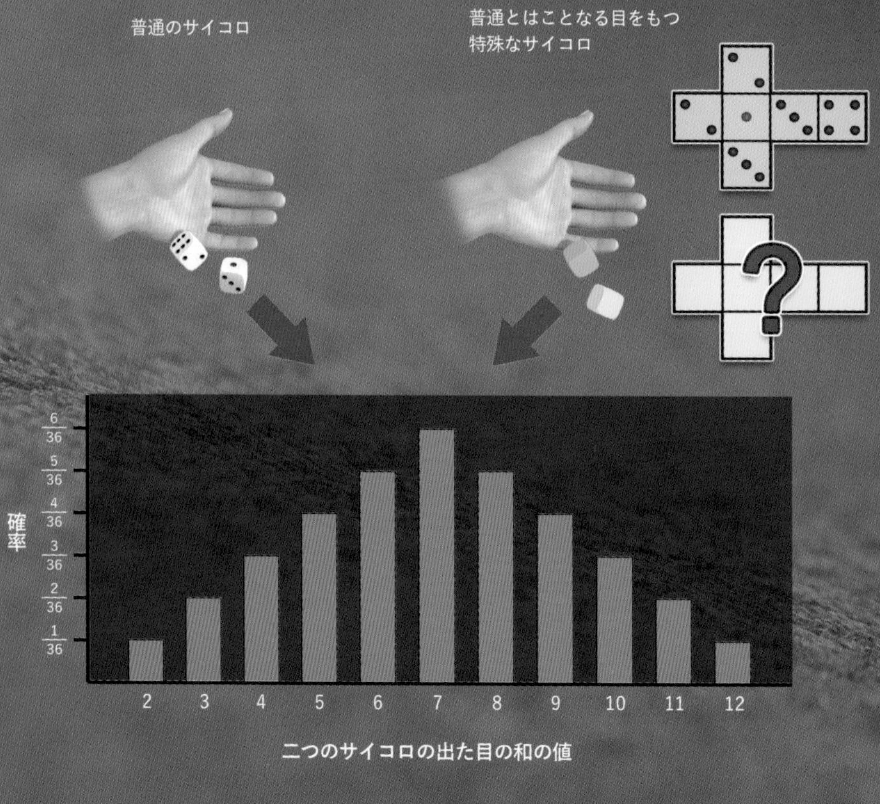

の目をもつサイコロをA，もう一方のサイコロをBとする。そして簡単な場合として，最小値と最大値から考えてみる。

二つの目の和の最小値は2で，確率は$\frac{1}{36}$，つまり場合の数は1通りだ。サイコロAの最小の目は1なので，サイコロBも最小の目として1を一つもつことがわかる。

一方，二つの目の和の最大値は12で，場合の数はこちらも1通りである。サイコロAの最大の目は4なので，サイコロBは最大の目として8を一つもつことがわかる。

このようにして，和が3～11の場合も同様に数えていくと（下図参照），サイコロBは「1，3，4，5，6，8」という目をもっていることがわかる。

なお，A・B二つの組み合わせは「シチャーマンのサイコロ」とよばれる。

以下では，サイコロAのaの目とサイコロBのbの目が出ることを[a，b]と書くことにする。また，たとえばサイコロAにある二つの2の目は，2α，2βとして区別する。

① 和が2（1通り）
サイコロAには，最小の目として1が一つある。左ページのグラフから，二つのサイコロの最小の目の和は「2」であることがわかるので，サイコロBには1の目が一つとわかる。

② 和が12（1通り）
サイコロAには，最大の目として4の目が一つある。左ページのグラフから，二つのサイコロの最大の目の和は「12」であることがわかるので，サイコロBには8の目が一つあるとわかる。

③ 和が3（2通り）
和が3になりうるサイコロAの目は，次のとおり。
サイコロA：1，2α，2β
このとき，サイコロBに2の目があると[1，2]のパターンが追加されるため，和が3になるパターンが2通り（左ページのグラフ参照）にならない。そのため，サイコロBに2の目はないとわかる。

④ 和が4（3通り）
和が4になりうるサイコロAの目は，次のとおり。
サイコロA：1，2α，2β，3α，3β
③でサイコロBには1の目があり，2の目がないことがわかっているので，[3α，1]，[3β，1]で2通りできる。左ページのグラフから，全3通りあることがわかるので，あと1通りつくるには[1，3]が必要になる。よって，サイコロBには3の目が一つあるとわかる。

⑤ 和が5（4通り）
和が5になりうるサイコロA・Bの目は，次のとおり。
サイコロA：1，2α，2β，3α，3β，4
サイコロB：1，3
[2α，3][2β，3][4，1]で3通りできる。左ページのグラフから，全4通りあることがわかるので，あと1通りつくるには[1，4]が必要になる。よって，サイコロBには4の目が一つあるとわかる。

⑥ 和が6（5通り）
和が6になりうるサイコロA・Bの目は，次のとおり。
サイコロA：1，2α，2β，3α，3β，4
サイコロB：1，3，4
[2α，4][2β，4][3α，3][3β，3]で4通りできる。左ページのグラフから，全5通りあることがわかるので，あと1通り必要。③よりサイコロBに2の目はないので，[4，2]はありえない。すると[1，5]が必要になるので，サイコロBには5の目が一つあるとわかる。

⑦ 和が7（6通り）
和が7になりうるサイコロA・Bの目は，次のとおり。
サイコロA：1，2α，2β，3α，3β，4
サイコロB：1，3，4，5
[2α，5][2β，5][3α，4][3β，4][4，3]で5通りできる。左ページのグラフから，全6通りあることがわかるので，あと1通り[1，6]が必要とわかる。よって，サイコロBには6の目が一つあるとわかる。

ここまでで，サイコロBの目は1，3，4，5，6，8と確定した。以下では，和が8～11のパターンが実際につくれるかをみていこう。

⑧ 和が8（5通り）
[2α，6][2β，6][3α，5][3β，5][4，4]の5通り。

⑨ 和が9（4通り）
[1，8][3α，6][3β，6][4，5]の4通り。

⑩ 和が10（3通り）
[2α，8][2β，8][4，6]の3通り。

⑪ 和が11（2通り）
[3α，8][3β，8]の2通り。

これで，すべての場合が確認できた。

大論争を巻きおこした「モンティ・ホール問題」

　あなたは今，豪華賞品がもらえるゲームに挑戦している。目の前には，A，B，Cと書かれた三つの箱が並んでいる。あたり（ダイヤモンド）が入った箱は一つだけで，残り二つの箱ははずれ（石）だ。

　あなたは迷ったすえにAの箱を選んだところ，あたりの箱がどれかを知っている司会者は残された二つの箱のうちCを開けて，それがはずれであることをあなたに見せた。すると司会者は，「Aのままでも結構ですが，Bに変更してもかまいません

よ」と持ちかけてきた。あなたは，選択を変更すべきだろうか。

この話は，かつてアメリカのテレビ番組で実際に行われていたゲームをもとにしたもので（本節では細かな設定をかえている），**司会者の名前から「モンティ・ホール問題」とよばれている。**

Cがはずれとわかったので，残る選択肢はAかBの2択だ。当たる確率は $\frac{1}{2}$ なので，選ぶ箱をかえてもかえなくても同じだと思うだろう。しかし実際には，Aが当たる確率は $\frac{1}{3}$，Bが当たる確率は $\frac{2}{3}$ であるという。

この“納得しがたい解答”に，多くの人の間で大論争が巻きおこったという。なかには，博士号をもつ数学者も含まれていたようだ（→次節につづく）。

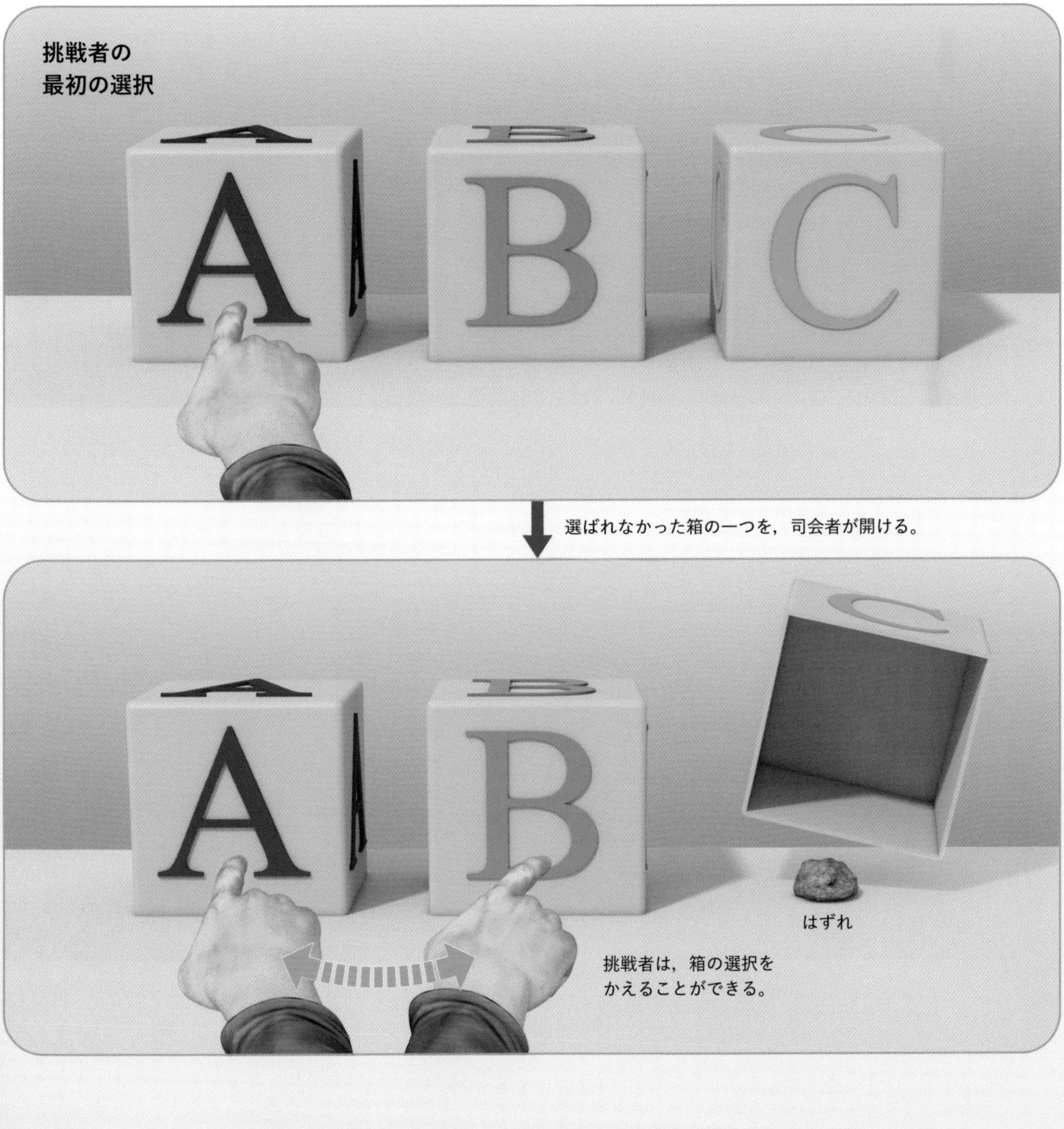

確率は状況により変化する

司会者がCの箱を開く前には，Aがあたりの確率は$\frac{1}{3}$，Aがはずれの確率は$\frac{2}{3}$であった。つまり$\frac{2}{3}$の確率で，BかCの箱があたりである。ここまでは異論はないだろう。

しかし司会者は，Cの箱がはずれであることを教えてくれた。ゆえに，もともとBとCの箱でもっていた$\frac{2}{3}$というあたりの確率が，そのままBの箱のものとなった。つまり，**Bの箱があたりであ**

【状況1】挑戦者が箱Aを選ぶ。
【状況2】司会者が箱Cを開く（箱Bを残す）。

状況2において，「Aが当たる確率」と「Bが当たる確率」を計算すると…

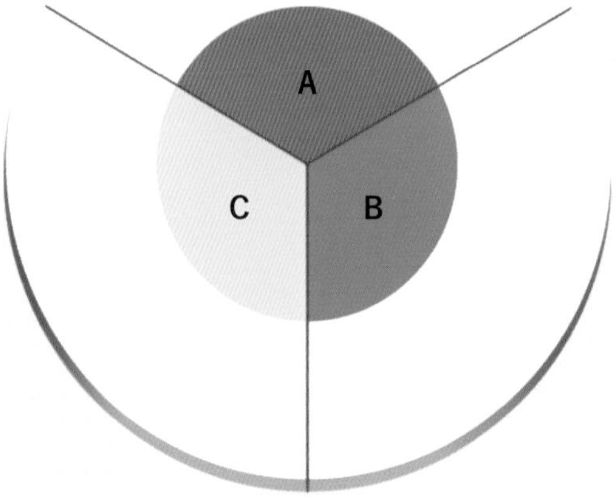

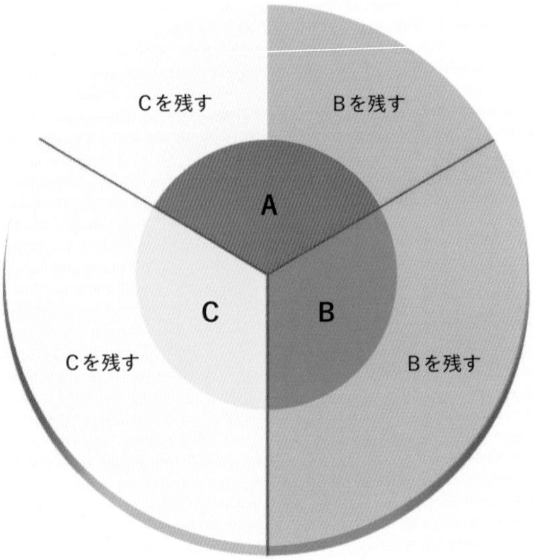

ステップ1

状況1では，「Aがあたり」「Bがあたり」「Cがあたり」の確率はどれも3分の1。このことを，内側の円グラフを3等分して示す。

ステップ2

あたりを知っている司会者が，どの箱を残すかを考える。「Aがあたり」ならBかCを残す（どちらを選ぶかは等確率とする）。「Bがあたり」なら必ずBを，「Cがあたり」なら必ずCを残す。これを外側の円グラフに示すと，上のようになる。

る確率は$\frac{2}{3}$なので，あなたは選ぶ箱をAからBへとかえたほうが得ということになる。

極端な例として，箱が100万個あるとする。あなたがAを選ぶと，司会者はA以外の99万9998個の箱を開いて見せ，はずれであることを示した（1個は残された）。このとき，最初に選んだAと，Aを除く99万9999個の中から残された一つの箱とをくらべれば，後者の箱のほうが，あたりの確率が高いと感じられるのではないだろうか。

トランプなどを使って，実際にふたりで実験してみてもよいだろう。同じ条件にして，Aをそのまま選択する場合とAからBまたはCへと変更する場合を，それぞれくりかえし試して両者を比較すれば，変更した場合のほうがあたりの確率が高くなることがわかるはずだ。

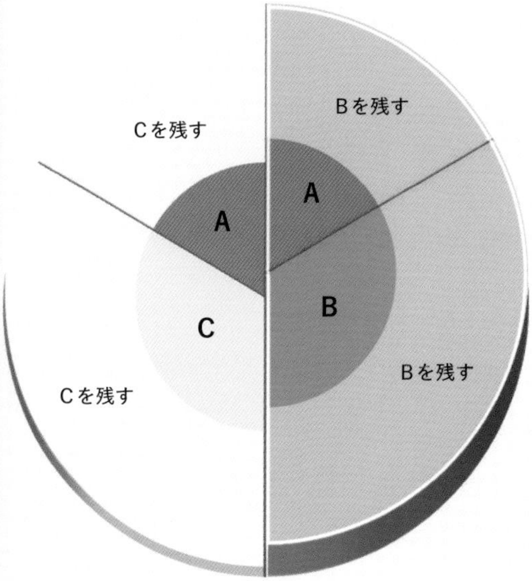

ステップ3

状況2で，Bが残された（上の円グラフでは厚く示した）。この状況で「Aがあたり」なのは3分の1，「Bがあたり」なのは3分の2である。

もし箱が10個だったら？

司会者は親切にも，あなたが選んだ箱以外のはずれを全部消してくれるので，最初に選んだ箱がはずれだった場合は，箱をかえれば必ずあたりになる。

しかし箱の数が多くなるほど，下の図のようにいきなりあたりを選ぶ確率は小さくなる。すなわち，最初に選んだ箱がはずれである確率が大きくなることがわかる。よって，最初に選んだ箱がたまたまあたりである幸運に賭けるよりも，司会者が残してくれた箱に乗りかえたほうが理にかなっているというわけだ。

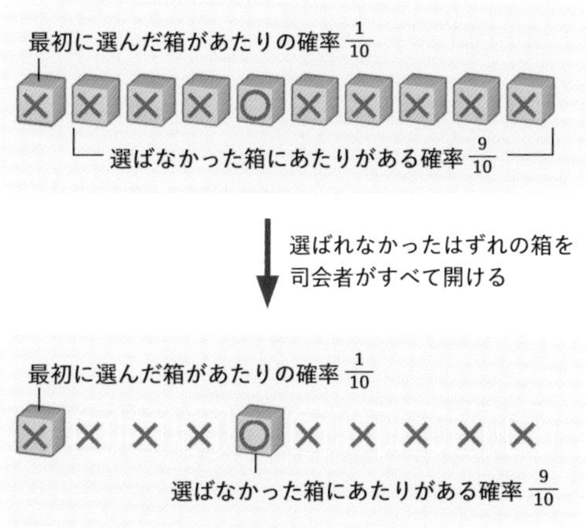

“変則ジャンケン・カードゲーム”で あなたが勝つ確率は？

『賭博黙示録《とばくもくじろく》カイジ』（福本伸行《ふくもとのぶゆき》著）という漫画をご存知だろうか。主人公の伊藤開司《いとうかいじ》が，いろいろなギャンブルに巻きこまれ，ギリギリの精神状態の中で生き抜いていくさまをえがいた漫画である。この作品は,『カイジ―人生逆転ゲーム』として映画化もされた。

作中では,「Eカード」というカードを使ったギャンブルが行われる。ちなみに“E”は皇帝（emperor）の頭文字で，カードには「皇帝」「市民」「奴隷《どれい》」の3種類がある。

Eカードは,「皇帝側」と「奴隷側」に分かれた二人で勝負する（“立場”は，一勝負ごとに交代する)。前者の手持ちカードは皇帝1枚に市民4枚，後者は奴隷1枚に市民4枚だ。

二人はカードを交互に出していくが(漫画では皇帝側が先手，映画では奴隷側を先手にして心理戦の面白さを強調するよう変化をつけている)，皇帝は市民には勝つものの，奴隷に負けてしまう。また，市民は奴隷に勝つが，皇帝に負ける。したがって，奴隷は皇帝に勝つが，市民に負けることになる。市民どうしの場合は引き分けだ。つまり，じゃんけんのような三すくみの関係になっている。皇帝が「グー」，市民が「チョキ」，奴隷が「パー」と解釈すれば対応がつく。

『賭博黙示録カイジ』（福本伸行，講談社）

皇帝側は，相手が市民を出したときに皇帝を出せば勝ちは確定し，逆に奴隷側は，皇帝が出たときにうまく奴隷を出せれば勝ちが確定する。つまりこのギャンブルは，心理的な要素が重要な鍵をにぎることがおわかりいただけると思う。

その辺の醍醐味《だいごみ》は漫画や映画のほうにゆずるとして，ここでは簡単に皇帝側が奴隷側に勝つ確率を求めてみよう。

皇帝側が奴隷側に勝つ確率は？

まず，右ページ下の表を見ていただきたい。「A」は皇帝側が手持ちのカードを出す順番を，「B」は奴隷側のそれをあらわしている。

たとえばAの列のいちばん上は，最初に皇帝（のカード）を出し，あとはすべて市民(のカード）を出す場合である。その下は，皇帝を2番目に出す，次は3番目に…，というぐあいだ。Bも同様である。

それぞれの欄にある○と×は，Aの勝敗である。紫色のいちばん上の欄にある「Aの×」とは，最初にAが皇帝，Bが奴隷を出すので，その時点で勝負が決まりAの負け(Bの勝ち)となるという意味だ。この場合1回で勝負が確定しているので，「1回目で決着」と書いてある。

同じように，その右隣の欄は，最初にAが皇帝，今度はBが市民を出す場合だ。この場合もその時点で勝負が決まり，Aが勝つので，今回は「○」となる。勝負が確定する回数は同じく「1」である。以下，同様にほかの欄も決まっていく。

ここで，Aの出す手の場合の

数も，Bの出す手の場合の数も5通りで，しかも等しい確率で出すと仮定する。つまり,「両者とも無作為にカードを出す場合」だ。ちなみに，このような出し方は漫画の中では禁じられていて，主人公と相手は出す前に自分のカードを見なければいけない（よって必然的に表情をさぐりあい，心理戦の火花が飛びかうことになる)。

まず，欄の数は5×5＝25個あり，Aが勝つ○の数は20個ある。心理戦なしの無作為な場合なので，すべての場合がおきる確率は等しい。したがって，Aが勝つ確率は，

$$\frac{20}{25}=\frac{4}{5}=0.8\ (80\%)$$

となる。

次に，1回目で決着がつかなかった場合に，Aが勝つ確率を求めてみよう。今度は,「1回目で決着」の欄を除外した場合だけを考えればよいので，全部で4×4＝16通りだ。その中でAが勝つのは，表からわかるように12通りである。したがって，

$$\frac{12}{16}=\frac{3}{4}=0.75\ (75\%)$$

となり，Aの勝つ確率は若干減ってしまう。

さらに，2回目で決着のつかない場合は,「1回目で決着」と「2回目で決着」を除くので同様にして，

$$\frac{6}{9}=\frac{2}{3}=0.666\ (66.6\cdots\%)$$

となる。3回目の場合も同じようにして，

$$\frac{2}{4}=\frac{1}{2}=0.5\ (50\%)$$

となり，だんだん減ってきていたAが勝つ確率は，ここで互角となる。そして，4回目に決着がつかない場合，Aは皇帝が1枚だけ，Bは奴隷が1枚だけとなり，Aは負けてしまう。

真綿で徐々に首をしめつけられるように，Aの勝つ確率はじわじわと減っていき，最後は互角から一気に0となる。この辺にも，Eカードの面白さがかくれているといえよう。

勝負が確定するまでの回数の期待値

ここで，Eカードで勝負が確定するまでの回数の期《き》待《たい》値《ち》（平均値）も計算してみることにしよう。これも，表を見ていただきたい。

1回目で終わるのが9通り，2回目が7通り，3回目が5通り，4回目が3通り，5回目が1通りである。すべてを掛けて加えると，

$$1\times9+2\times7+3\times5+4\times3+5\times1=55$$

となる。それをすべての場合の数(25)で割った数が期待値なので，

$$\frac{55}{25}=\frac{11}{5}=2.2$$

が得られる。つまり，おたがいにでたらめにカードを出すと，平均2.2回で勝負がつく。

Bのカードの出し方 / Aのカードの出し方	奴隷→市民→市民→市民→市民	市民→奴隷→市民→市民→市民	市民→市民→奴隷→市民→市民	市民→市民→市民→奴隷→市民	市民→市民→市民→市民→奴隷
皇帝→市民→市民→市民→市民	Aの× 1回目で決着	Aの○ 1回目で決着	Aの○ 1回目で決着	Aの○ 1回目で決着	Aの○ 1回目で決着
市民→皇帝→市民→市民→市民	Aの○ 1回目で決着	Aの× 2回目で決着	Aの○ 2回目で決着	Aの○ 2回目で決着	Aの○ 2回目で決着
市民→市民→皇帝→市民→市民	Aの○ 1回目で決着	Aの○ 2回目で決着	Aの× 3回目で決着	Aの○ 3回目で決着	Aの○ 3回目で決着
市民→市民→市民→皇帝→市民	Aの○ 1回目で決着	Aの○ 2回目で決着	Aの○ 3回目で決着	Aの× 4回目で決着	Aの○ 4回目で決着
市民→市民→市民→市民→皇帝	Aの○ 1回目で決着	Aの○ 2回目で決着	Aの○ 3回目で決着	Aの○ 4回目で決着	Aの× 5回目で決着

乱数とランダムの不思議な世界

監修　小山信也

　ランダム（でたらめ）に並んだ数字を「乱数」という。でたらめなのであれば，一見だれもが乱数をつくりだせそうに感じる。しかし「真にランダム」な数字の並びをつくることは，実は一筋縄ではいかない。本章では，現代社会のさまざまな場面で役立っている乱数の奥深い世界をのぞいてみよう。

70, 62, 35, 70, 79, 5, 67, 21,
18, 95, 27, 8, 21, 82, 33, 39,
34, 41, 94, 13, 21, 42, 5, 50,
15, 49, 97, 42, 17, 22, 56, 49,
86, 7, 27, 51, 5, 55, 94, 65,
60, 54, 71, 47, 48, 49, 11, 44,
7, 47

3

規則が存在しない数「乱数」

次の数を決める規則がいっさい存在しない数のことを「乱数《らんすう》」という。本書の巻末（206ページ）には，0から9までの数字が並んだ「乱数表」を掲載したが，数字の並びは“でたらめ”だ。

乱数を生みだす装置は「乱数発生器」とよばれ，ビンゴゲームや福引きに使う抽選器や，ギャンブルで使うルーレットは，その一例といえる。また，すごろくなどのゲームで使う立方体（正六面体）のサイコロも，1から6までの乱数を生みだす身近な乱数発生器だ。

サイコロの中でも，**正二十面体の各面に，0から9までの数字を2回ずつ割り当てたもの**は「乱数賽《さい》」とよばれる。色分けされた3個の乱数賽を用意して，赤の目を小数第1位，黄の目を第2位，青の目を第3位などとすれば，0.000から0.999までの3けたの乱数をつくりだすことができる（→66ページでくわしく解説）。

さて，現代の私たちの暮らしは，**乱数なしには成り立たないといっても過言ではない**。たとえば，電子メールやインターネットショッピングでは，通信の内容を第三者に解読されないようにする「暗号化」という技術が使われている。この暗号化を行う際（暗号化された文章を解読するための“鍵”をつくる際）に，その都度発生させた乱数が使われている。

乱数賽
（正二十面体のサイコロ）

私たちの暮らしは 乱数によって支えられている

インターネット上での本人確認などでは，一度しか使うことができないパスワード（ワンタイム・パスワード）の入力を求められることがある。このワンタイム・パスワードを発行するしくみに，乱数が使われている。そのほか，科学研究やAI（人工知能）の開発，世論調査の対象者をかたよりなく選ぶ「無作為抽出」などでも，乱数が活躍している。

円周率の値はサイコロで求めることができる

乱数を使って行う数値計算やシミュレーションを,「モンテカルロ法」とよぶ。本ページでは,最も単純なモンテカルロ法の応用例として「3個の乱数賽を使ってつくりだした3けたの乱数を使って,円周率 π の値を求める方法」を紹介する。ちなみにプロ棋士を倒した囲碁AI「AlphaGO（アルファゴ）」も,モンテカルロ法を使って膨大な数の対局を経験・学習し,強くなった。

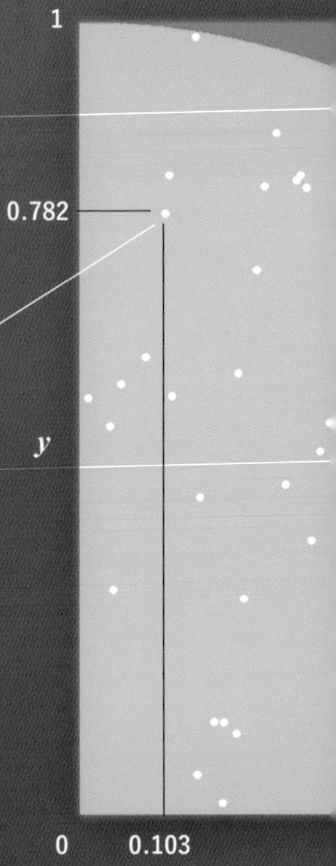

ステップ1

3個の乱数賽を2回振り,3けたの乱数を2個つくる。

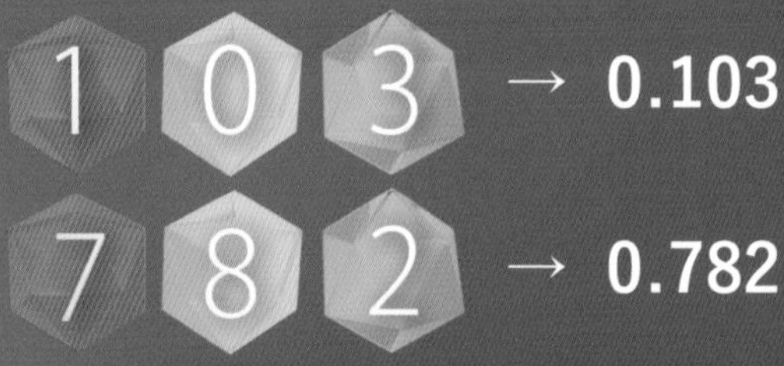

ステップ2

2個の乱数を xy 座標とする点を置く。

$$(x, y) = (0.103, 0.782)$$

ステップ3

これを何回もくりかえして,多数の点を置く。

ステップ4

多数の点は,一辺の長さが1の正方形の上に置かれることになる。この正方形の上に,半径が1のおうぎ形をえがく。半径が1の円の面積は,半径×半径× π = 1×1× π = π であり,その4分の1のおうぎ形の面積は $\frac{\pi}{4}$ である。つまり,正方形に占めるおうぎ形の面積の割合は $\frac{\pi}{4}$ ということになる。

ステップ5

乱数賽を使って上の手順で正方形の上に点を置くと,その点がおうぎ形の中に入る確率は $\frac{\pi}{4}$ になる。そのため,点の数をふやしていき,おうぎ形の中に入った点の割合を実際に数えて求めてやれば,その値は $\frac{\pi}{4}$ に近づいていくことになる。ここから π の値を求めることができる。点の数をふやすほど,π は本来の値である3.14…に近づいていく。

＊乱数賽は雑貨店などで購入できるので,ぜひ自分で円周率を求めてみよう。

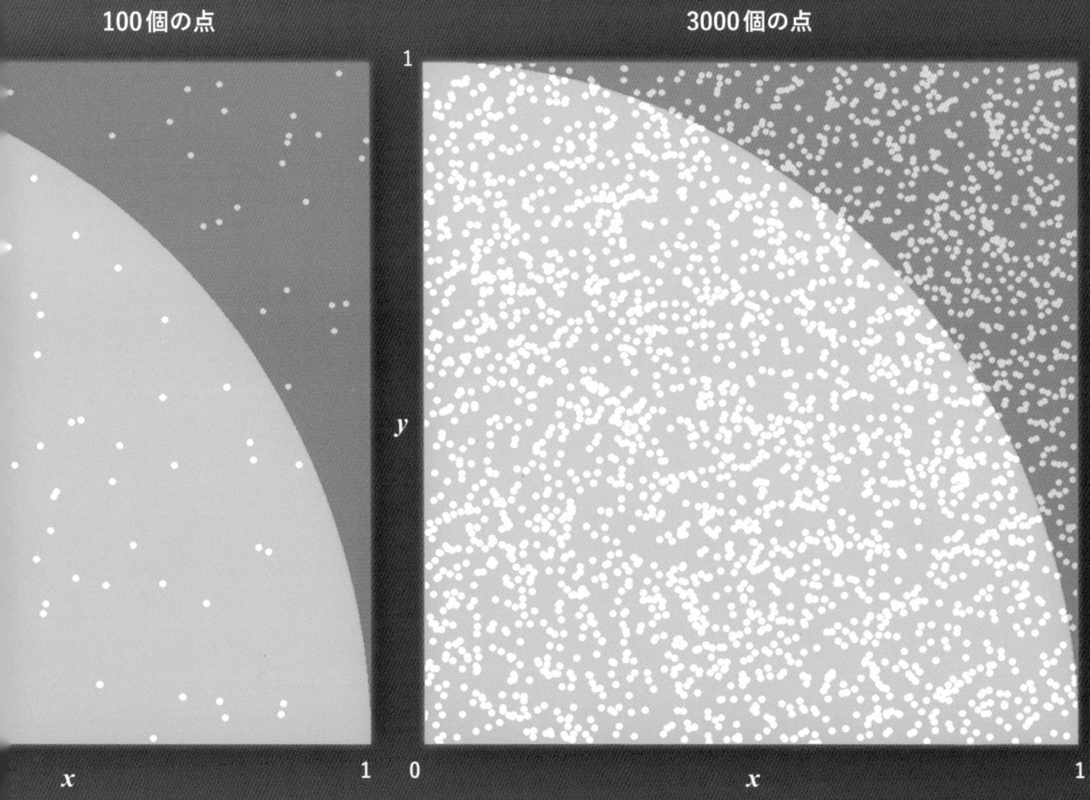

おうぎ形の中の点は74個

$$\frac{\text{おうぎ形の面積}}{\text{正方形の面積}} = \frac{\frac{\pi}{4}}{1} \fallingdotseq \frac{74}{100}$$

式を変形して $\pi \fallingdotseq \frac{74}{100} \times 4 = 2.96$

おうぎ形の中の点は2430個

$$\frac{\text{おうぎ形の面積}}{\text{正方形の面積}} = \frac{\frac{\pi}{4}}{1} \fallingdotseq \frac{2430}{3000}$$

式を変形して $\pi \fallingdotseq \frac{2430}{3000} \times 4 = 3.24$

私たちが思う“ランダム”と真のランダムはことなる

まずは，下にえがいたふきだしの中の「数列A」と「数列B」を見てほしい。どちらも1〜100の数字が並んでいるが，一方はランダムに選びだしたもので，もう一方はNewtonが数字を選び，並べたものだ。比較しやすいように，ふきだしの下には，数列に出てきた数字を10ごとのグループに分けて表にまとめた。さて，あなたにはどちらがランダムにみえるだろうか。

実は，Aが“真の”ランダムな数列だ。Aは，4や16のように1回も出てこない数字がある反

数列A

70, 62, 35, 70, 79, 5, 67, 21,
18, 95, 27, 8, 21, 82, 33, 39,
34, 41, 94, 13, 21, 42, 5, 50,
15, 49, 97, 42, 17, 22, 56, 49,
86, 7, 27, 51, 5, 55, 94, 65,
60, 54, 71, 47, 48, 49, 11, 44,
7, 47

0〜9	5, 5, 5, 7, 7, 8
10〜19	11, 13, 15, 17, 18
20〜29	21, 21, 21, 22, 27, 27
30〜39	33, 34, 35, 39
40〜49	41, 42, 42, 44, 47, 47, 48, 49, 49, 49

50〜59	50, 51, 54, 55, 56
60〜69	60, 62, 65, 67
70〜79	70, 70, 71, 79
80〜89	82, 86
90〜99	94, 94, 95, 97

面，5や7のように複数回出てくる数字がある。このようなかたよりがあると，私たちはそこに「規則性があるのではないか」と考えがちだ。

しかし，規則性があるのはむしろBである。Bでは，数列の前後の数字の差がつねに10以上あり，すべての数字が一度しかあらわれない。また，0～9，10～19…と10ごとに区切ったとき，どのグループからもほぼ均等に数字が登場する。

つまり私たちは，**どの部分を見ても均等にばらついていて，かたよりがないほうがランダムであると感じてしまう傾向があるのだ。**

数列B

72，5，29，48，86，10，66，93，
38，51，17，79，97，35，25，
80，59，89，7，21，75，14，39，
43，99，31，60，87，8，54，69，
22，57，81，32，78，19，95，
28，2，49，62，4，46，84，68，
34，16，50，76

0～9	2，4，5，7，8
10～19	10，14，16，17，19
20～29	21，22，25，28，29
30～39	31，32，34，35，38，39
40～49	43，46，48，49

50～59	50，51，54，57，59
60～69	60，62，66，68，69
70～79	72，75，76，78，79
80～89	80，81，84，86，87，89
90～99	93，95，97，99

ランダムを見誤る「クラスター錯覚」

サイコロを振ったら，5回連続で1が出た。これを見て，「1が出やすいように細工されているのではないか」と疑う人がいたとしても無理はない。心理学では，実際はランダムであるにもかかわらず，**たまたま同じ出来事がつづけておきると，それをランダムではないと錯覚してしまう傾向があることが知られている。**これは「クラスター錯《さっ》覚《かく》」とよばれている。

クラスター錯覚の例としては，第二次世界大戦末期のイギリス・ロンドンを襲ったドイツ軍の空爆が有名だ。ミサイルの着弾頻度には地域ごとのかたよりがみられたため，一部のロンドン市民は「ドイツ軍のミサイルは，特定の地域をねらい撃ちできる」とおそれた。しかし，のちの分析で，ミサイルの着弾点はランダムとみなせることがわかっている。

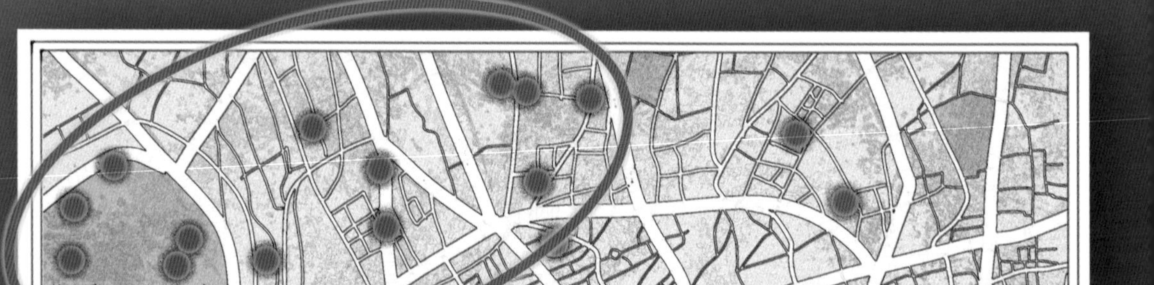

特定の地域がねらい撃ちされている？

上はロンドン中心部の地図で，赤い印はドイツ軍のV-1ミサイルによる空爆の着弾地点である。円で囲んだ地域に多く着弾し，ほかの地域は比較的安全なようにもみえる。しかし，当時のV-1ミサイルにはそこまでの精度はなく，より広い領域を対象にしたのちの分析によって，着弾地点はランダムとみなせることがわかっている。

＊イラストは，Johnson, D.（1982）"V-1 V-2:Hitler's vengeance on London"の図を参考にして作成した。

安易な推理に飛びつく前に

次のような例を考えてみよう。──街のある通りの家々から，次々に病人が出て入院した。向かいに新しくできた工場が関係しているにちがいない。

私たちはめずらしい現象がおきると，その現象のまわりで，同じくらいめずらしい現象をさがし，結びつけて考える癖《くせ》がある。それが，身の安全にかかわることならなおさらだ。

しかし，もし入院患者が出た場所を全国規模で調べた場合，各地点が等間隔に離れているものだろうか。患者がランダムに発生しているなら，ある一角では患者がつづけて発生し，ある一角では一人も患者が出ない，というかたよりがあるはずだ。つまり先の例では，**その患者が集中した一角だけが目についた可能性もあるのである。**

ランダムな現象は，時にその一部が「信じられないほどの偶然」としてあらわれることがある。そのようなとき，仮説を立ててみるのはよいことだが，そのめずらしさだけを根拠に，安易に自分の推理を信じてしまうのは禁物だ。

A　　B

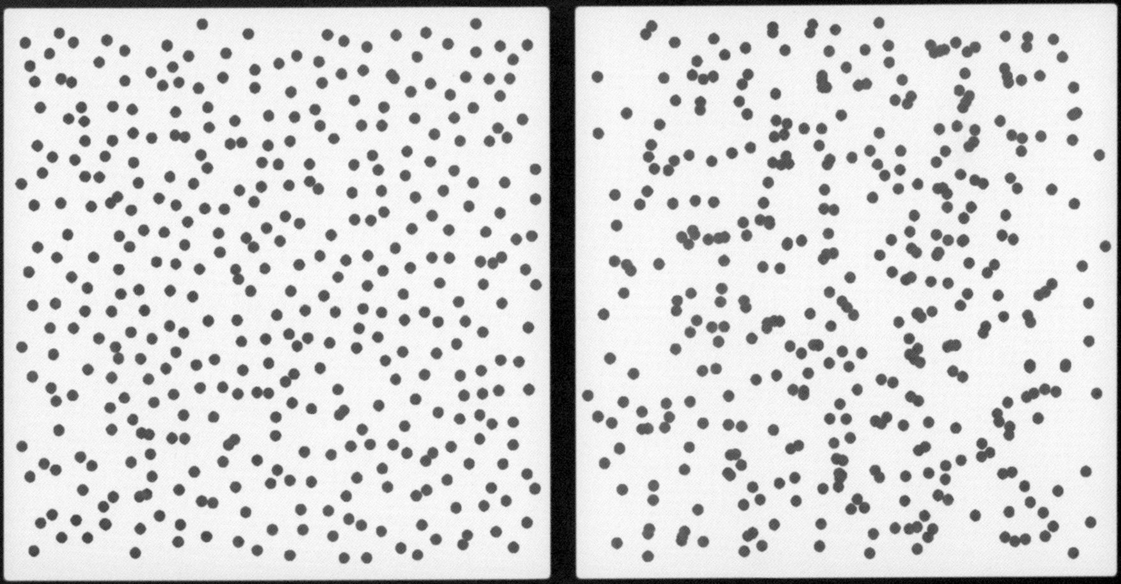

どちらがランダム？

Aは点どうしが重ならないように意図して点を配置したもの，Bは乱数で決めたランダムな点の配置である。アメリカの古生物学者（科学史家）であるスティーブン・J・グールドは，著書『がんばれカミナリ竜』でこのような図をあげ，人はランダムな点の配置にパターンを感じとってしまいがちであることを論じている。こうした錯覚は心理学でよく研究され，人間の心理傾向から経済現象を解き明かす「行動経済学」の分野に応用されている。

スティーブ・ジョブズと ランダム

アメリカ，アップル社の「iPod（アイポッド）」というデジタル音楽プレーヤーに，アーティストやアルバムに関係なく，自動で選曲を行う「ランダム再生機能」が搭載されたとき，ユーザーから「同じ曲が何度もかかる」という苦情が出た。

これをきっかけにアップル社はプログラムを修正し，一度再生した曲はすべての曲を再生するまで選ばないという規則を加えた。当時，アップル社の最高経営責任者だったスティーブ・ジョブズ氏は，「よりランダムな感じにするために，少しランダムではなくした」と語ったといわれている。

人間の直感がおちいりやすい錯覚を逆に利用すれば，“より自然なランダムさ”を演出することができる。このため，iPod以外の音楽プレーヤーや音楽ストリーミングサービス，コンピュータゲームでも，意図的にランダムさを減らすことで，“より自然なランダムさ”が感じられるような工夫がほどこされている。

＊写真は，2007年サンフランシスコでiPodについて語るスティーブ・ジョブズ氏。
本ページの内容とは，直接的な関係はない。

未来はすでに決まっている「ラプラスの悪魔」

古来，人々はサイコロを使った占いや遊びを行っていた。コインが登場してからは，コインの裏表で勝敗や順序を決める「コイントス」が行われ，現代でもサッカーやテニスの試合で採用されている。これは私たちが，サイコロの出る目やコインの裏表はランダムに決まり，あらかじめ予測できないと信じているからにほかならない。

しかし，本当に予測は不可能なのだろうか。空中に投げられたサイコロを，究極に高い計算能力をもつAIが，超高性能のカメラで観察したとする。放物運動するサイコロの軌道や回転のようす，空気の流れなどを瞬時に把握し，地面に落ちるタイミングや転がり方を完璧に計算できるAIは，どの目が出るかをあらかじめ言い当てることができるだろう。

フランスの数学者ピエール＝シモン・ラプラス（1749～1827）は，これと似たような考え方をもっていた。ラプラスは，もし世界のすべてを知る“知性”（のちに「ラプラスの悪魔」とよばれる）が存在したならば，その目は未来をすべて見通せるはずだと主張した。

つまり，あらゆるものの未来はすでに決まっており，サイコロの目やコインの裏表がランダムにみえるのは，ラプラスの悪魔がもつ高い計算能力を私たち人間がもたないためだと説いたのである。

ラプラスの悪魔（→）

宇宙（球であらわした）をつかんでいるのがラプラスの悪魔の手で，時計はラプラスの悪魔が過去・現在・未来を見通せることを表現している。ラプラスの考えは，当時あらゆる物体の運動を説明できるとされていた「ニュートン力学」の考えを発展させたものだ。

ラプラスの考えは一定の支持を集めたが，20世紀に入り科学がミクロな世界へ足を踏み入れるようになると（量子力学の幕開け），しだいに古い概念とされるようになった。

過去
現在
ラプラス
未来

円周率「π＝3.141592…」に並ぶ数字は乱数か？

ゲームプログラマーであるあなたは，ゲームに出てくる敵キャラクターの動きをプレイヤーが予測できないようにするために，乱数《らんすう》を使って敵の動きを決めることにした。

乱数には，それぞれの数字が等しい頻度で（同じ確率で）出ることが求められる。これに対し，あなたは「円周率」が使えるのではないかと考えた。円周率の数字の並び（π＝3.141592…）には，いっさいの規則性が見つかっていないためだ。円周率は，はたして乱数といえるのだろうか。

かたよりがまったくない「正規数」

右のグラフは，円周率の小数点以下5兆けたについて，0から9までの数字の出現頻度を調べたものである。最多は「8」で，最少は「6」だった。しかし，その差はごくわずかであり，0から9までの数字が出る頻度はほぼ等しいとみなせそうである。

では，円周率に並ぶ数字は，どこまでいっても0から9までの数字があらわれる頻度にかたよりがないと言い切れるのだろうか。**小数表示したときの数字の並びに，0から9までの数字のかたよりがまったくない数のことを，数学では「正規数《せいきすう》」という。**そして，円周率や2の平方根《へいほうこん》（$\sqrt{2}$＝1.414…）が正規数かどうかは，数学的には未解決の問題である。そのため，円周率や2の平方根に並ぶ数が真の乱数かどうかもまた，未解決の謎といえる。

円周率5万けたの数字を色分けすると？

右は，円周率5万けたの0から9までの数字を色分けした図だ。横一行が200けた分で，縦に250行が並んでいる。小数点以下762けた目からは，6連続で9が並んでいる。ノーベル物理学賞受賞者のリチャード・ファインマン（1918～1988）が，この“6連続の9”までを暗唱できたことから，「ファインマン・ポイント」とよばれている。円周率にはこのような数字のかたよりがあちらこちらにみられるように感じるが，それはランダムが生む自然なものとみなせる。

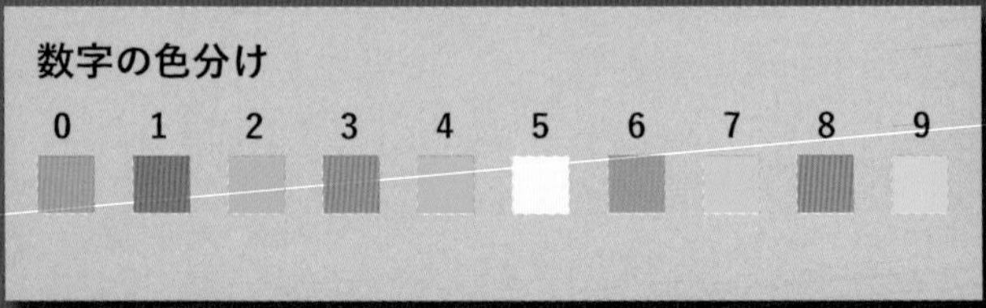

円周率5兆けたにみられる
数字の出現頻度はほぼ同じ（↓）

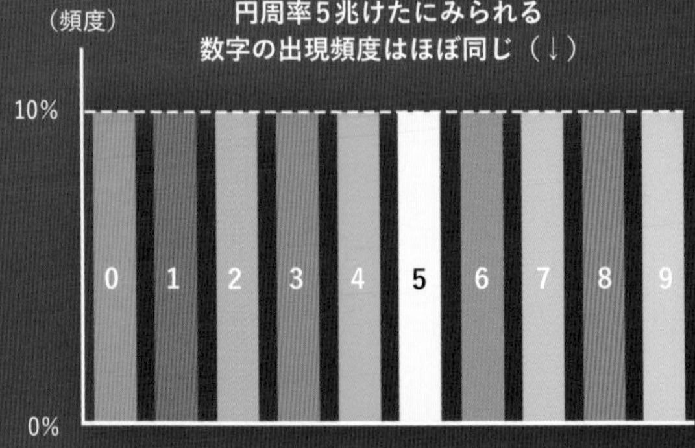

円周率5兆けたにみられる
数字のわずかなばらつき（↓）

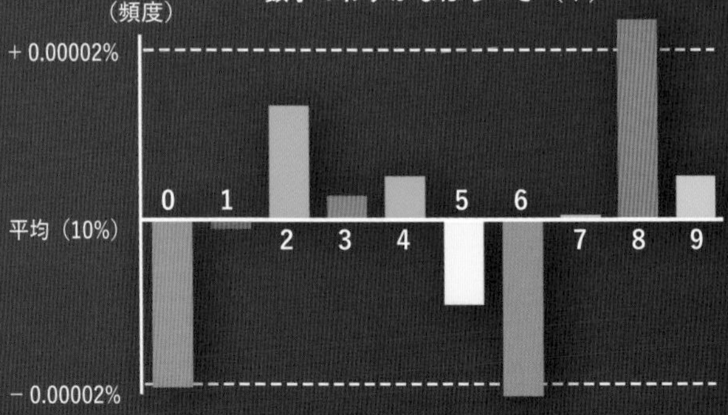

π = 3.141592……
ファインマン・ポイント
…999999…

コンピュータはどのように乱数を生みだすのか

ゲームやモンテカルロ法（66ページ参照）のプログラムを動かすために，コンピュータはたくさんの乱数《らんすう》を必要とする。では，コンピュータは，自分で乱数をつくりだすことができるのだろうか。

コンピュータが数の列をつくるためには，プログラムやアルゴリズムなどの規則が必要である。「次の数を決める規則がいっさい存在しない数」が乱数なので，**コンピュータが規則に従って生みだす数の列は，真の意味での乱数とはよべない。**

真の乱数の代わりになるのが，あたかも乱数にみえる「疑《ぎ》似《じ》乱数」である。疑似乱数をはじめて考案したのは，コンピュータの発明者として知られるハンガリー出身の数学者，ジョン・フォン・ノイマン（1903～1957）だ。フォン・ノイマンが考案した「平方採中法《へいほうさいちゅうほう》」は，疑似乱数の元祖である（くわしくは本ページ下で解説）。

乱数にみえる
さまざまな「疑似乱数」

フォン・ノイマンが考案した最初の疑似乱数である「平方採中法」と，現在でも使われている「線形合同法」，そして現時点で最良の疑似乱数といわれる「メルセンヌ・ツイスター法」を示した。

1234 × 1234 ＝ 01 5227 56
5227 × 5227 ＝ 27 3215 29
3215 × 3215 ＝ 10 3362 25
3362 × 3362 ＝ 11 3030 44
⋮

平方採中法（4けたの場合）

時刻の値などから，シード（乱数のタネ）となる4けたの数を拾う（例では下線の1234）。シードを2乗（平方）した8けたの数（けた数が足りないときは0をおぎなう）の中間の4けたの数（5227）を採用して，1個目の疑似乱数とする。この5227から，同じ操作により次の疑似乱数（3215）を得る。これをくりかえして，疑似乱数を次々につくる。

線形合同法（4けたの場合）

シードとなる数（例では下線の1234）に，あらかじめ決めておいた定数（例では567）をかけ算し，そこに別の定数（例では89）を足す（699767）。この数を，また別の定数（例では9973）で割ったときの余りを求める。この余り（例では1657）を1個目の疑似乱数とする。この1657から同じ操作により，次の疑似乱数（2146）を得る。これをくりかえして，疑似乱数を次々につくる。足し算に使う定数を0にした場合は「乗算合同法（じょうざんごうどうほう）」とよばれる。

1234 × 567 ＋ 89 ＝ 699767 → 699767 を 9973 で割った余り ＝ 1657
1657 × 567 ＋ 89 ＝ 939608 → 939608 を 9973 で割った余り ＝ 2146
2146 × 567 ＋ 89 ＝ 1216871 → 1216871 を 9973 で割った余り ＝ 165
⋮

最強の疑似乱数「メルセンヌ・ツイスター法」

フォン・ノイマン以降，「線形《せんけい》合同法《ごうどうほう》」をはじめ，さまざまな疑似乱数が開発された。疑似乱数の良し悪しは，「真の乱数にどれだけ近いか」や「疑似乱数の発生速度」などで決まる。現時点で最良の疑似乱数と評価され，世界中のプログラマーに広く採用されているのが，広島大学の松本眞《まつもとまこと》教授と山形大学の西《にし》村《むら》拓《たく》士《じ》准教授らが1998年に考案した「メルセンヌ・ツイスター法」である。その理解にはベクトルや行列《ぎょうれつ》といった数学の知識が必要なため，くわしい説明ははぶくが，「メルセンヌ素数《そすう》」とよばれる特殊な素数の性質がたくみに利用されている。

この最良の方法が生みだす乱数も，**あくまでも疑似乱数であって，真の乱数ではない。**フォン・ノイマンは，「数式で乱数をつくることはある種の罪だ」と述べたという。

下は，線形合同法によってつくられた3個の疑似乱数を座標としてもつ点を，3次元空間に（$2^{31}-1$）個置いた結果である（原点付近の70倍拡大図）。点の並びには，規則的な模様やすき間がみられる。

右はメルセンヌ・ツイスター法によって同じ個数の点を置いた結果で，規則的な模様やすき間はみられない。

＊画像提供：広島大学 松本眞教授

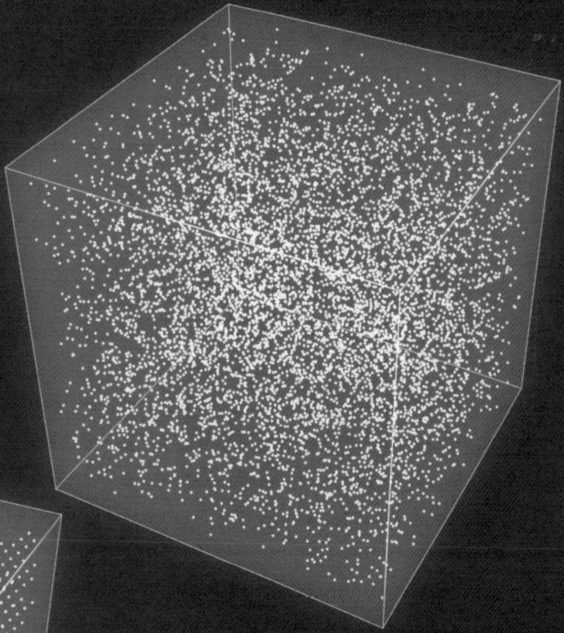

メルセンヌ・ツイスター法

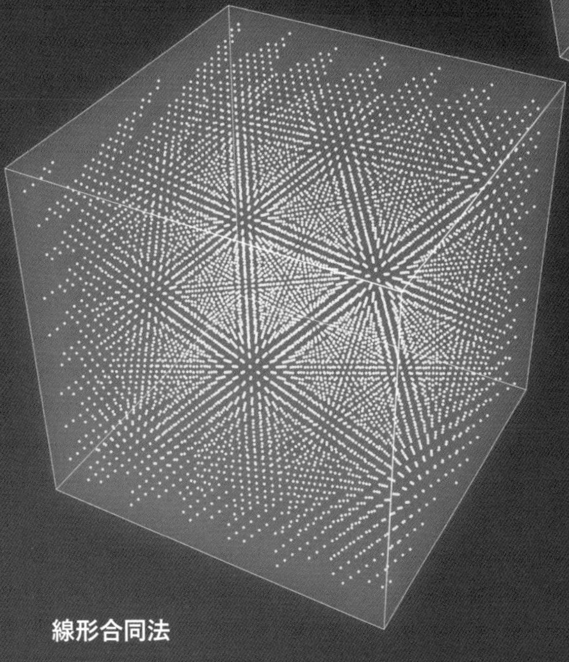

線形合同法

ジョン・フォン・ノイマン
現在のコンピュータの原型をつくった科学者であり，モンテカルロ法の考案者の一人でもある。ゲーム理論から原子爆弾の開発まで，幅広い分野に影響をあたえた。

不規則な物理現象を使えば「真の乱数」がつくれる

コンピュータが生みだす疑似乱数《ぎじらんすう》は，実用上は乱数として十分に役立つものの，厳密な意味では乱数とはいえない。では，真の乱数をつくるには，どうすればよいだろうか。

その方法は，**現実世界の物理現象にあらわれる不規則性を利用して乱数をつくるというものである。これは「物理乱数発生法」とよばれる。**

最も実用化が進んでいる物理乱数発生法は，電気回路にあらわれるノイズを利用する方式である。電気回路にかける電圧の値を一定に保とうとしても，どうしても小刻みなノイズが生じる。このノイズにはいっさいの規則性がみられないため，これを数値として取りだせば，乱数として活用できるのである。

光や電子を使う方法もある

物理乱数発生法には，光の素粒子《そりゅうし》である「光子《こうし》」を使う方式もある。光源からある特殊なハーフミラーに向かって光子を1個ずつ発射する。ハーフミラーで透過したら「0」，反射したら「1」とすれば，2進数の乱数をつくることができる。

さらには，電子がもつ「スピン」という性質を利用する方式も研究されている。地球に自転軸があるように，電子などの素粒子も自転によって「スピンの向き」が決まる。ミクロな世界の物理学である量子《りょうし》論（量子力学《りきがく》）によれば，1個の電子は「スピンが上向きの状態」と「スピンが下向きの状態」が重ね合わされており，どちらの状態かは観測するまで決まらない。電子を観測して，スピンが上向きなら「0」，下向きなら「1」とすれば，やはり2進数の乱数として使えるというわけである。

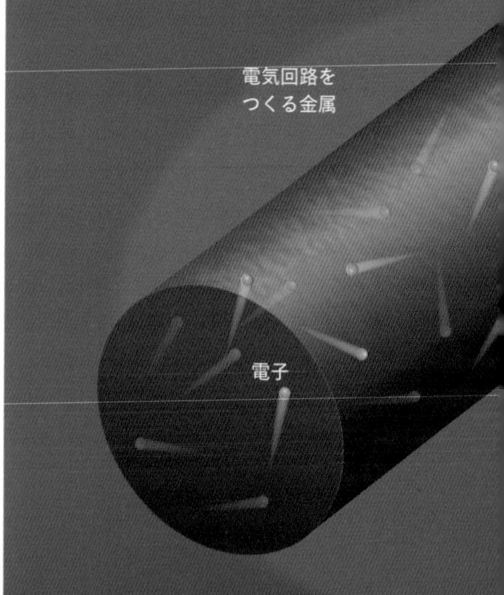

（↑）
ノイズから乱数をつくる
電気回路の電圧を測定すると，小さなノイズ（熱雑音）があらわれる。一定時間ごとに電圧を測定して数値化し，それを2進数の数としてあらわす。その一部のけたを取りだすことで，0と1からなる2進数の乱数となる。一部の高性能のコンピュータには，熱雑音方式の物理乱数発生チップが搭載されている。

物理現象から乱数をつくる（→）

現在までに実用化あるいは研究されている，三つの方式の物理乱数発生法を示した。これら以外にも，さまざまな方式の物理乱数発生法が研究されている。

特定のけたの数字を，乱数として出力。

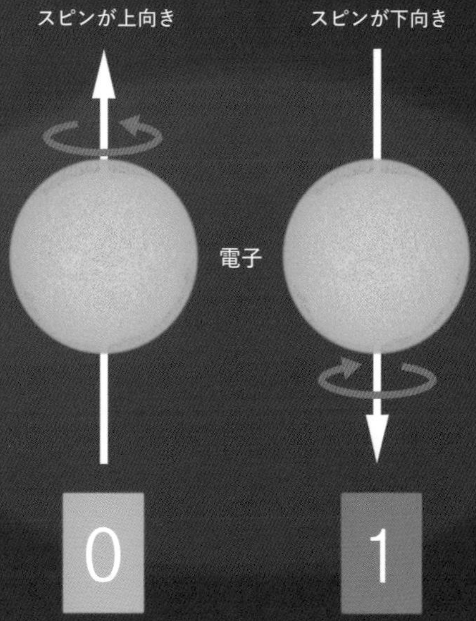

（↑）

電子のスピンを測定して乱数をつくる

産業技術総合研究所では，電子がもつスピンの向きを乱数発生に利用する「量子ダイス」（ダイスはサイコロの意味）の研究を進めている。電子のスピンの向きを0と1に対応させる方法は，従来のコンピュータをはるかにこえる計算速度の「量子コンピュータ」にも活用されている。

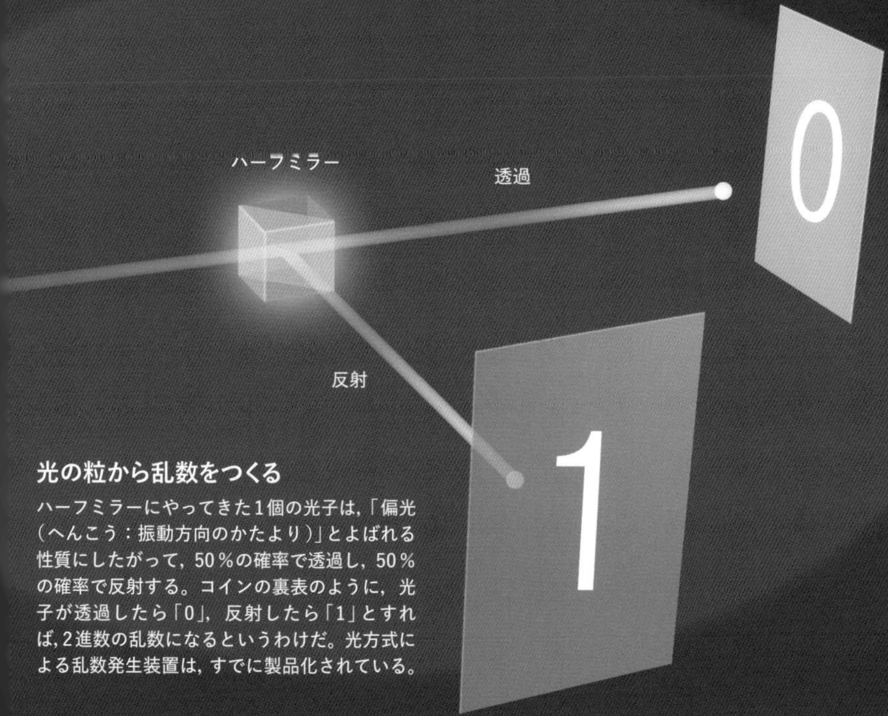

光の粒から乱数をつくる

ハーフミラーにやってきた1個の光子は，「偏光（へんこう：振動方向のかたより）」とよばれる性質にしたがって，50％の確率で透過し，50％の確率で反射する。コインの裏表のように，光子が透過したら「0」，反射したら「1」とすれば，2進数の乱数になるというわけだ。光方式による乱数発生装置は，すでに製品化されている。

真の乱数を求めて「物理乱数発生器」

統計数理研究所の田村義保《たむらよしやす》名誉教授は，長年乱数《らんすう》発生の研究を進めてきた一人である。田村教授らが目指すのは，何かの規則にもとづく疑似乱数ではなく，いっさいの規則をもたない「真の乱数」だ。

田村教授は，民間の技術者とともに，電気回路のノイズ（熱雑音）を使った物理乱数発生器を研究してきた。原子力発電にかかわる測定器など，特別な用途に使われる電気回路には，不要なノイズを極限まで減らす技術が求められる。**ノイズを減らすための研究からは，乱数に使える“よいノイズ”をつくるための知見も得られる。**こうした知見を活用することで，高速に乱数を発生させる電気回路の開発に成功した（右の写真）。田村教授によれば，アナログ情報であるノイズはランダムだが，それを0か1というデジタル情報に変換するときに，少しだけ規則性が出てしまう。それをどう取り除くのかが，最もむずかしいところだったという。

こうして生みだされる真の乱数は，さまざまな科学研究で役立てられ，私たちの生活を陰で支えているのである。

乱数発生用のコイン（↑）

昭和20年代に，乱数表をつくるために統計数理研究所で使われていたコイン。つぼの中に多数のコインを入れ，かきまわして取りだすことをひたすらくりかえすことで，乱数表がつくられた。現在の乱数表には，メルセンヌ・ツイスター法による疑似乱数や，物理乱数発生器でつくった乱数などを使うことが，日本工業規格（JIS）によって定められている。

物理乱数発生システム

写真は，統計数理研究所の物理乱数発生システム。右は，システムが搭載する熱雑音方式の物理乱数発生ボード（1秒間に640メガバイトの乱数を出力することができる）。

スーパーコンピュータのようにもみえるこの装置は，乱数発生器という意味で，現在の最高性能のサイコロの一つといえる。

SGI ICE X
sgi
sgi
DataDirect
Networks
CAUTION
RANDOM MASTER
TOSHIBA

統計

協力・監修　今野紀雄／藪 友良

私たちが暮らす社会は，実は「統計」と切り離すことができない。とくに，統計を正しく読み解くことは，現代社会に生きるうえで欠かせないスキルである。本章では，統計学の基礎となる考え方を紹介する。データの信頼性を確かめ，統計の“ウソ”にだまされないためのポイントが，きっと身につくはずだ。

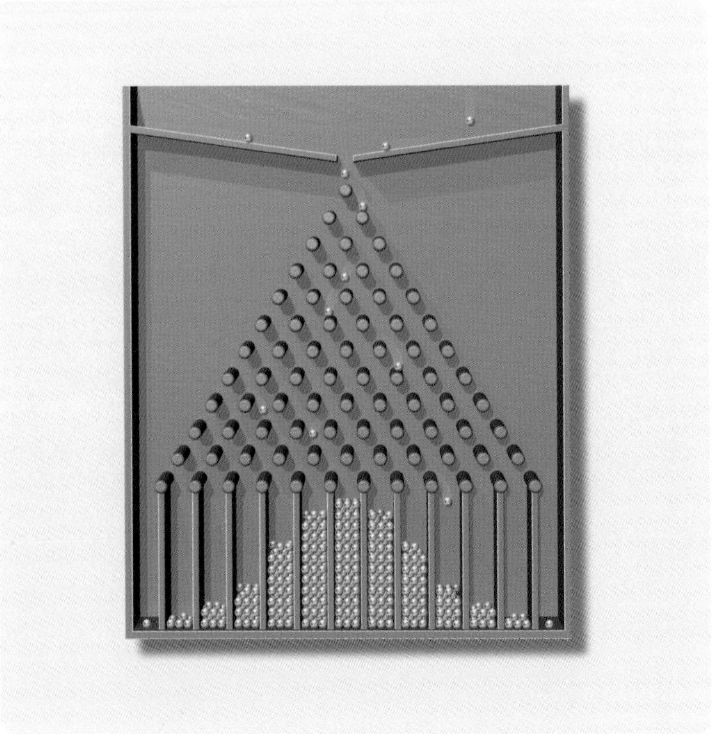

4

確率は「未来予測」
統計は「現実の分析」

確率と統計は，学校の授業ではセットで学ぶこともあり，混同してしまいがちだ。これらはいったい，何がことなるのだろうか。

「確率」とは，**まだおきていない未来の出来事について，それぞれの出来事がおきる確からしさを数学的に計算して予測するもの**で，サイコロやルーレットの目などが典型である※。

一方で「統計」とは，**現実の世界で実際におきた出来事や，現実の世界に暮らす人々の行動や特徴などを調査して数値化・データ化し，そこから何が言えるのかを数学的に分析するものだ。**その一例には，アンケートや各種調査，テレビの視聴率などがある。

膨大なデータを分析し，読み解く学問を「統計学」という。統計学は，確率をあつかう数学である「確率論」と同じく，17世紀ごろにはじまったといわれている。

統計学の創始者の一人といえるのが，イギリスの商人ジョン・グラント（1620～1674）である。グラントはロンドンの死亡者の記録をまとめ，人の一生を大きな集団でみると，さまざまな規則性があることをはじめて示した。

　得られたデータを適切に分析するための基礎である統計学は，近代以降の科学・工学・医学などの重要な基盤となっているといえる。

※：降水確率のように，統計にもとづいて確率を計算する場合もある。

グラフには“落とし穴”もある

データを分析し，グラフ化すると，さまざまなことがわかるようになる。

たとえばAのグラフは，日本人の出生者10万人（男性）が，年齢別死亡率にしたがって死亡していくとした場合の，死亡数の推移である。1947年と2015年のグラフをくらべると，死亡者数はすべての年齢（とくに3歳以下）で減少し，80代後半でピークをむかえるように変化している。

つまり，日本は約70年で「さまざまな年代の人が多く死亡する社会（＝幅広い分布）」から，「多くの人々が長生きする社会（＝とがったピークがより右側にある分布）」にかわったことが読み取れる。

検挙率低下は警察の怠慢？

一方でBのグラフは，1990～2012年の犯罪の検挙件数，検挙率，および認知件数の推移である。検挙率をあらわす赤い折れ線を見ると，1990年代は約35～40％だったが，2000年ごろに約20％に急落し，その後

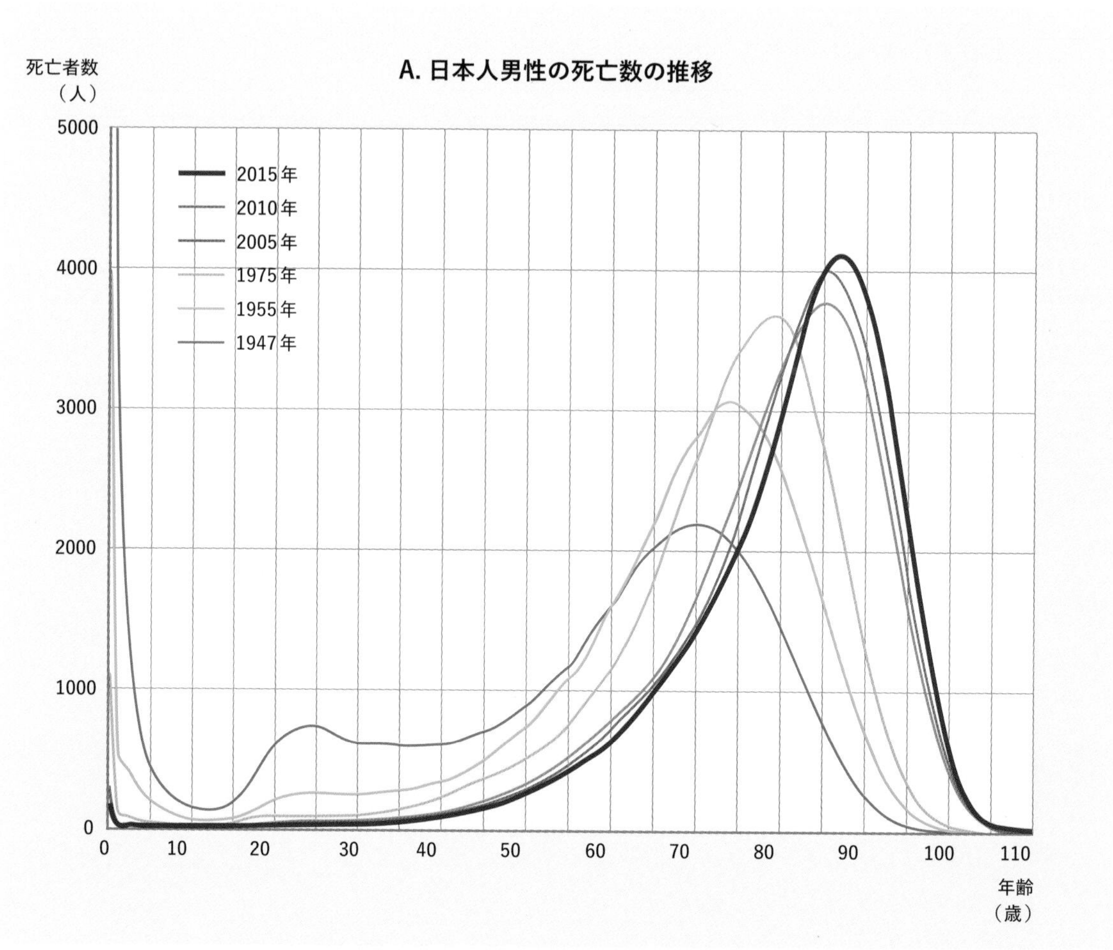

A. 日本人男性の死亡数の推移

2006年までにかけて30％まで回復している。2000年ごろに，何があったのだろうか。

「検挙率」とは，**警察が発生を確認（認知）した事件のうち，犯人の検挙（事件の解決）につながった場合の件数の割合をいう**。検挙率の低下については，捜査の怠慢や捜査能力の低下，犯罪の性質が変化し解決がむずかしい場合がふえたなど，さまざまな理由が考えられるが，大阪商業大学の谷岡一郎《たにおかいちろう》学長は，著書『「社会調査のウソ」リサーチ・リテラシーのすすめ』（文春新書）において，次のような仮説を立てている。

1999年に発生した桶川《おけがわ》ストーカー事件では，被害者が警察に相談していたにもかかわらず，被害者の死亡という最悪の結果につながり，批判をまねいた。この事件以降，警察は，それまでは事件とみなしていなかったようなケースでも認知（捜査を行う）するようになった。その結果，認知件数（水色の棒グラフ）が大きくのびた反面，被害がやむなどして逮捕に至ることなく終わる事件もふえた。つまり検挙率の低下は，**警察が献身的に捜査した結果だったというのだ**※。

グラフを正しく読み解くには，そのデータがつくられた背景をふまえて考えることが重要だといえる。

※：検挙件数も2000年ごろに低下しており，検挙率の低下に一定の影響をあたえていると考えられる。しかし検挙率ほど大きな減少ではないため，検挙率の低下は，認知件数の増加による影響が大きいと考えられる。

B. 犯罪検挙率と検挙件数・認知件数

＊警察庁『平成24年の犯罪情勢』，刑法犯の認知・検挙及び検挙率の推移（昭和21年～平成24年）より作成した。

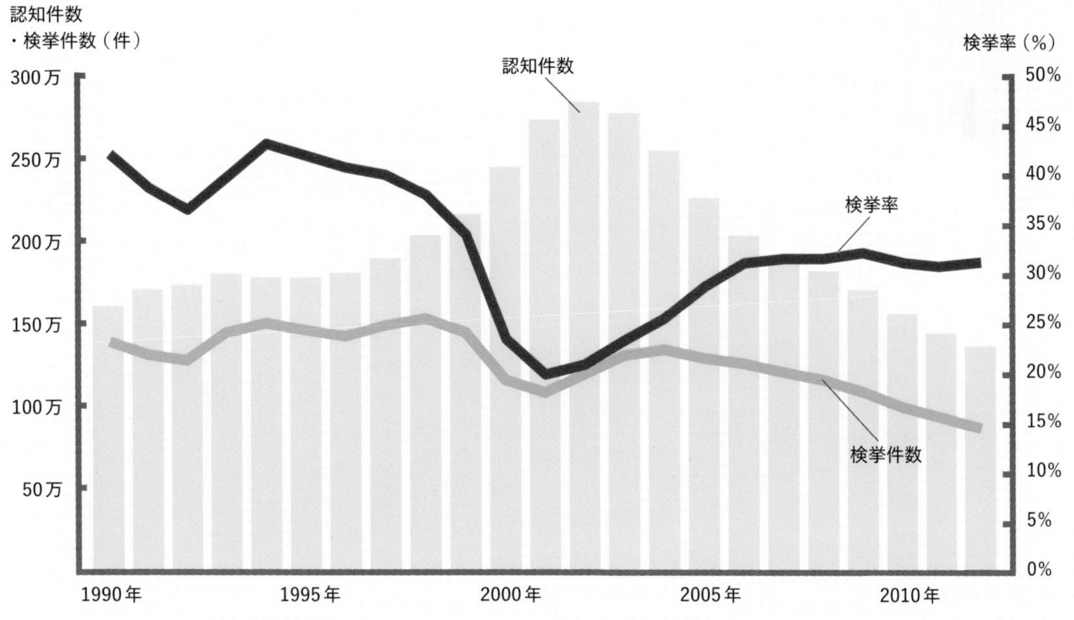

平均貯蓄額は「1812万円」!?

データの「平均値」を調べることは，統計学の第一歩である。平均値とは「すべての値の合計値を，データの個数で割ったもの」のことをいう。これを,統計学では「相《そう》加《か》平均《へいきん》」または「算術《さんじゅつ》平均」という。

平均値と聞けば,「中くらいの値」というイメージをもつことだろう。しかし，平均値が「中くらいの値」にはならないこともある。

平均値のマジックに気をつけよう

たとえば，5人の所持金がそれぞれ3万円，4万円，5万円，6万円，7万円なら，平均値は「5万円」である。ここに，23万円をもつ人が1人加わるだけで,平均値は「8万円」にはね上がり，6人のうち5人が，平均値以下になってしまう（右図参照）。このように,**平均値は極端な値の影響を受けやすいことに注意が必要だ。**

典型的な例が，貯蓄額や年収などの平均値である。日本の2人以上の世帯の平均貯蓄額（2017年）は「1812万円」だ。大多数の人にとって，この平均値は高すぎると感じることだろう。実際，この平均貯蓄額を上まわる世帯は，全体の3分の1（約33%）しかいない。高額な貯蓄をもつ一部の層が，全体の平均値を押し上げているのである。

平均（相加平均・算術平均）

$$= \frac{\text{データ}_1 + \text{データ}_2 + \cdots + \text{最後のデータ}}{\text{データの個数}}$$

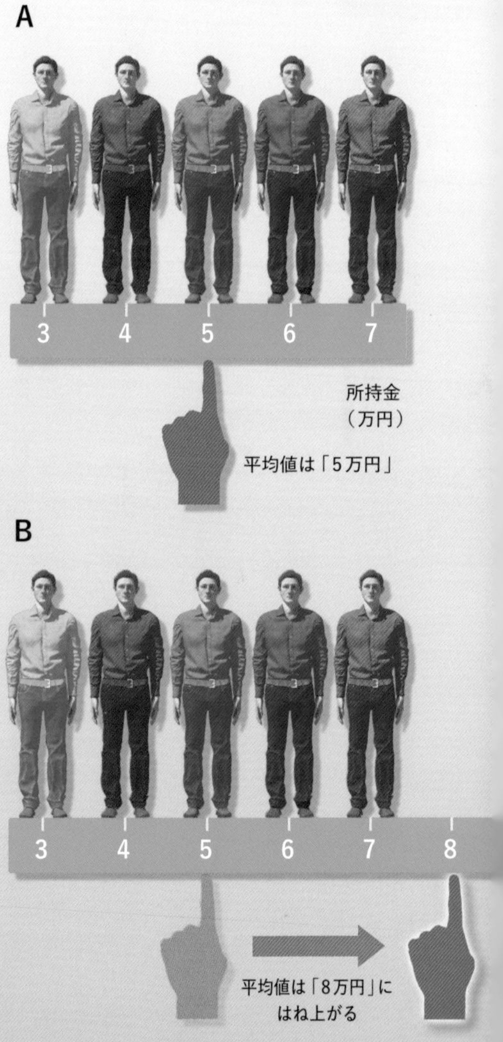

平均値は極端な値の影響を受けやすい（→）

所持金をあらわす数直線の上に，それぞれの額をもつ人を並べる。これをシーソーに見たてたとき，左右がつり合う支点の位置にあたるのが平均値（相加平均）である（図A）。そこに極端な値が加わると，シーソーのバランスは大きくくずれる。もう一度つり合いをとるには，支点の位置（平均値）を大きくずらすことになる（図B）。

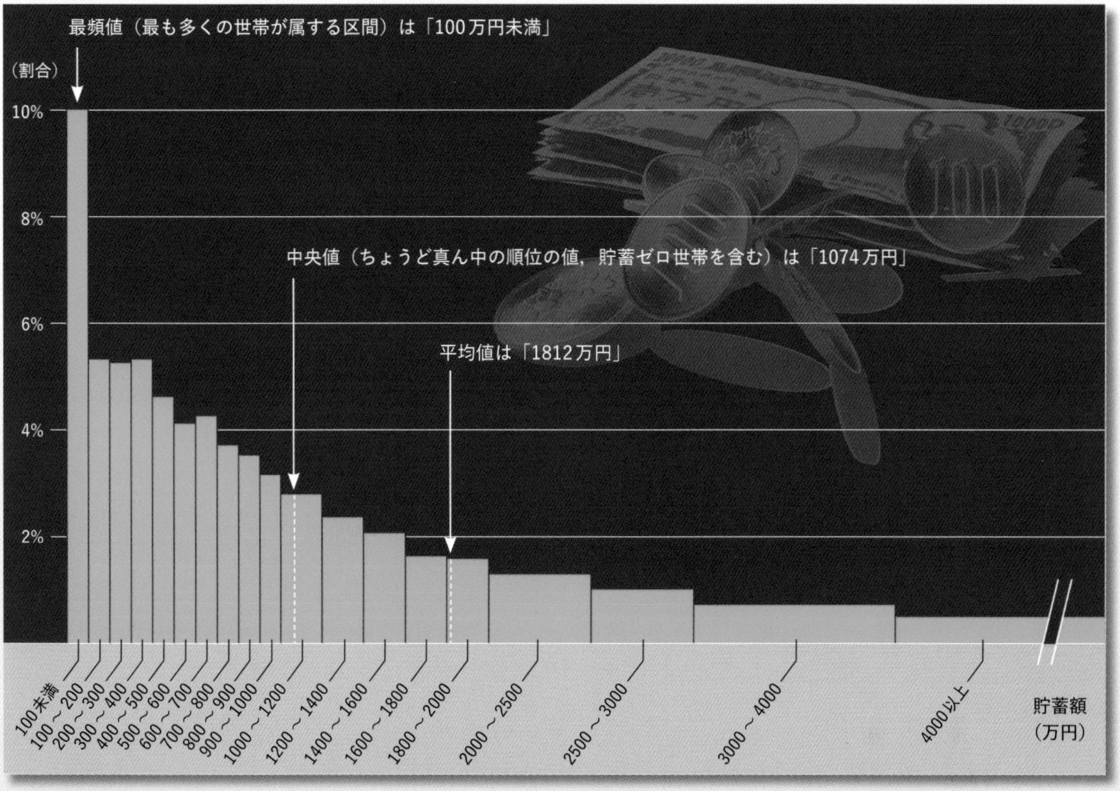

（↑）日本の世帯別の平均貯蓄額は？

上は，2人以上の世帯の貯蓄額（2017年）の分布を示したグラフである（総務省「家計調査報告 貯蓄・負債編」2018年より）。平均値は「1812万円」だが，実際には大多数にあたる67％もの世帯が，平均値を下まわっている。貯蓄額の多さで順位をつけたとき，全体のちょうど中間の順位となる世帯の値は「1074万円」で，これを「中央値（ちゅうおうち）」という。また，最も多くの世帯が属するのは「100万円未満」で，これを「最頻値（さいひんち）」という。平均値・中央値・最頻値などをまとめて「代表値」という。

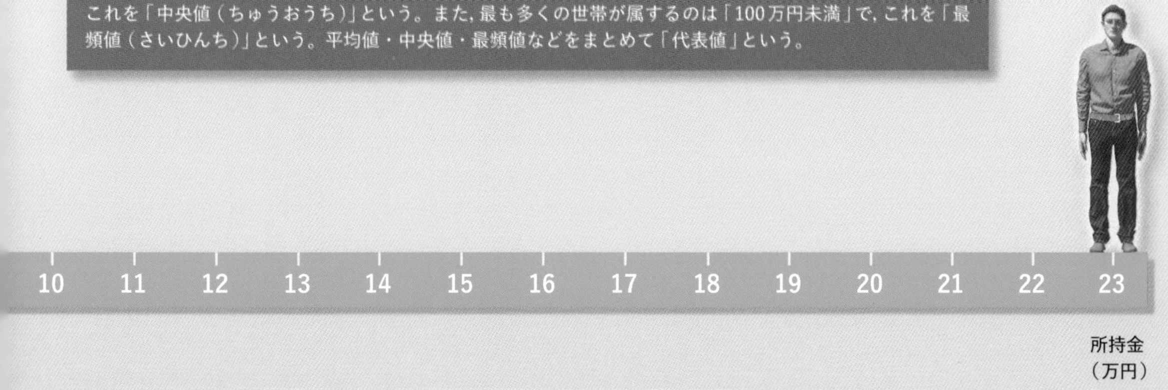

ばらつきを調べれば データの特徴がつかめる

あるドーナツショップチェーンのA店とB店で,ドーナツの重さをくらべてみた（下図）。ドーナツの重さの平均値はどちらも100グラムで,二店の間に差はない。しかしドーナツをあらためてよく見ると，ばらつきぐあいがことなることに気づく。

A店とB店のドーナツのばらつきぐあいを調べるために，それぞれのドーナツの，平均値からのずれである「偏差《へんさ》」に注目してみよう。この**偏差を2乗してから平均をとると，ばらつきの大小をあらわす指標である「分散《ぶんさん》」が得られる。**実際に分散を計算して求めると，A店が308.5，B店が約3.8となり，A

A店のドーナツ
平均：100グラム
分散：308.5
標準偏差：17.56

ドーナツの
「分散」と「標準偏差」

左ページはA店，右ページはB店のドーナツである。ドーナツの重さの平均はどちらの店も100グラムだが，重さのばらつきにはちがいがみられる。このばらつきを数値化したものが，分散と標準偏差だ。

店のほうが，ばらつきが大きいことがわかる。

さて，ばらつきをあらわす指標には，平均値からのずれの平均である「標準《ひょうじゅん》偏《へん》差《さ》」もある。標準偏差は，分散の平方根《へいほうこん》で求められる。

A店の分散は308.5なので，標準偏差は$\sqrt{308.5} \fallingdotseq 17.56$だ。これは，**A店の約7割のドーナツが100±17.56グラムの範囲におさまり，残りの約3割はその範囲外であることを意味している。**

一方で，B店は分散が約3.8なので，その平方根である標準偏差は約1.96である。これは，**B店の約7割のドーナツが100±1.96グラムというせまい範囲におさまっていることを意味している。**

B店のドーナツ
平均：100グラム
分散：3.8
標準偏差：1.96

分散を求めるには，まずそれぞれのドーナツの重さの偏差（平均値からのずれ）を計算する。A店の場合，たとえば左上のドーナツは127グラムなので，平均値（100グラム）からのずれは「＋27グラム」だ。これらをすべてのドーナツで求め，その2乗の平均値をとる（分散）。そして分散の平方根をとると，標準偏差が求められる（→くわしい計算方法は次節）。

「分散」と「標準偏差」の求め方

分散《ぶんさん》は，各データについて平均値との差を計算し，それぞれ2乗して足しあわせたうえで，データの個数で割ることによって求める。

なぜこの計算が，データの平均からのばらつきぐあいをあらわすのだろうか。たとえばサイコロを5回投げ，1～5までが1回ずつ出た場合について考えてみよう。出目を“得点”と考えると，平均点は1～5を足して5で割って「3」となる。また，この場合の分散は $\{(1-3)^2+(2-3)^2+(3-3)^2+(4-3)^2+(5-3)^2\}\div 5$ で，その値は「2」となる。

このように，分散の計算の際にデータと平均の差をまず2乗するのは，**平均値との差がプラスとマイナスで打ち消しあうの**

$$平均=\frac{データの値の合計}{データの個数}$$

$$分散=\frac{(データ1-平均)^2+(データ2-平均)^2+\cdots+(最後のデータ-平均)^2}{データの個数}$$

$$標準偏差=\sqrt{分散}$$

$$標準偏差=\sqrt{\frac{1}{n}\sum_{i=1}^{\infty}(x_i-\overline{x})^2}$$

データの数
全データについて，右側の式を足す
i番目のデータの値
全データの平均値

標準偏差は，上の黒板の書き方ではくりかえしが多く長い式にみえるが，数学記号を用いて書くと左のようになる。

を防ぐためだ。仮に2乗しないで計算すると，$\{(-2)+(-1)+0+1+2\}\div 5=0$となってしまうことがわかる。データの値が平均から“ばらけて”いるのに，ばらつきぐあいの指標である分散が「0」というのはおかしいだろう。

一方で，平均値からのずれの平均である標準偏差《ひょうじゅんへんさ》は，分散の値の平方根《へいほうこん》で求める（電卓ではルートキーを使って求められる）。分散を計算する際に2乗したものを，平方根をとることによって元の単位にもどす作業ともいえる。前述の例でいえば，分散が2のときは標準偏差は$\sqrt{2}$となる。

分散と標準偏差の値は，**平均値から離れたデータが多いほど，つまりデータがばらけているほど大きくなる。**

平均は同じでも “ばらけ方”はさまざま（↓）

下の三つのグラフは，サイコロを5回投げて出た目の回数をあらわしている。いずれも目の数の平均は同じだが，データのばらけ方がことなる。計算すると，分散はそれぞれ0，2，3.2，標準偏差はそれぞれ0，$\sqrt{2}$，$\sqrt{3.2}$となる。分散と標準偏差は，平均値から離れたデータが多いほど，大きくなる。

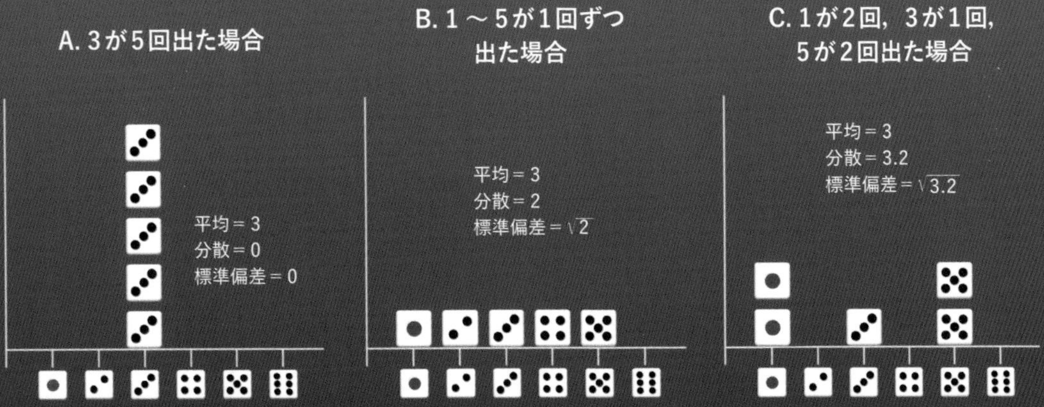

Aの場合

平均：$(3+3+3+3+3)\div 5=3$

分散：$\{(3-3)^2+(3-3)^2+(3-3)^2+(3-3)^2+(3-3)^2\}\div 5=0$

Bの場合

平均：$(1+2+3+4+5)\div 5=3$

分散：$\{(1-3)^2+(2-3)^2+(3-3)^2+(4-3)^2+(5-3)^2\}\div 5=2$

Cの場合

平均：$(1+1+3+5+5)\div 5=3$

分散：$\{(1-3)^2+(1-3)^2+(3-3)^2+(5-3)^2+(5-3)^2\}\div 5=3.2$

身長がえがく
つりがね状の「正規分布」

身長が平均175センチメートルのある学校の男子生徒たちを，2センチメートルきざみのグループに分けて列に並ばせた。するとその全体像（グラフ）は，**平均値を中心にした左右対称の山のような形となった。**

このような分布は「正規分布《せいきぶんぷ》」とよばれる。正規分布をあらわす曲線は釣鐘《つりがね》のような形をしていることから，「釣鐘曲線（ベル・カーブ）」とよばれることもある。身長以外でも，**自然界や社会でみられるさまざまなデータが，正規分布にしたがうことが知られている。**

正規分布の形は，大多数のデータが平均の周囲のどれくらいの範囲に集まっているかをあらわす標準《ひょうじゅん》偏差《へんさ》と，平均値で決まる。標準偏差が小さいと，大多数のデータが平均値のまわりに集中していることになるので，とがった分布になる。逆に標準偏差が大きいときは，幅広い分布になる。そして，平均値が高ければグラフは右に，低ければ左に移動する。

ばらばらにみえる身長には
正規分布がかくれている

正規分布には「平均値の前後，標準偏差一つ分の範囲に，約68％のデータが集まっている」，あるいは「平均値の前後，標準偏差の1.96倍の範囲には，約95％のデータが集まっている」などという特徴がある。つまり正規分布では，ある範囲に含まれるデータの割合が全体に対してどの程度なのかを，標準偏差を基準にして求めることができるのだ。

たとえば，あるクラスの生徒の身長が「平均は170センチメートル，標準偏差は6センチメートル」とわかれば，生徒たちを並ばせなくても，そのクラスの生徒の約68％は「身長164～176センチメートルの範囲」だとわかる。

身長が平均175センチメートルの男子生徒たちを，2センチメートルきざみのグループに分けて列をつくらせ，その全体像をながめると，図のような山型があらわれる。このようにデータが平均値を中心に山型に割り振られている分布を「正規分布」という。

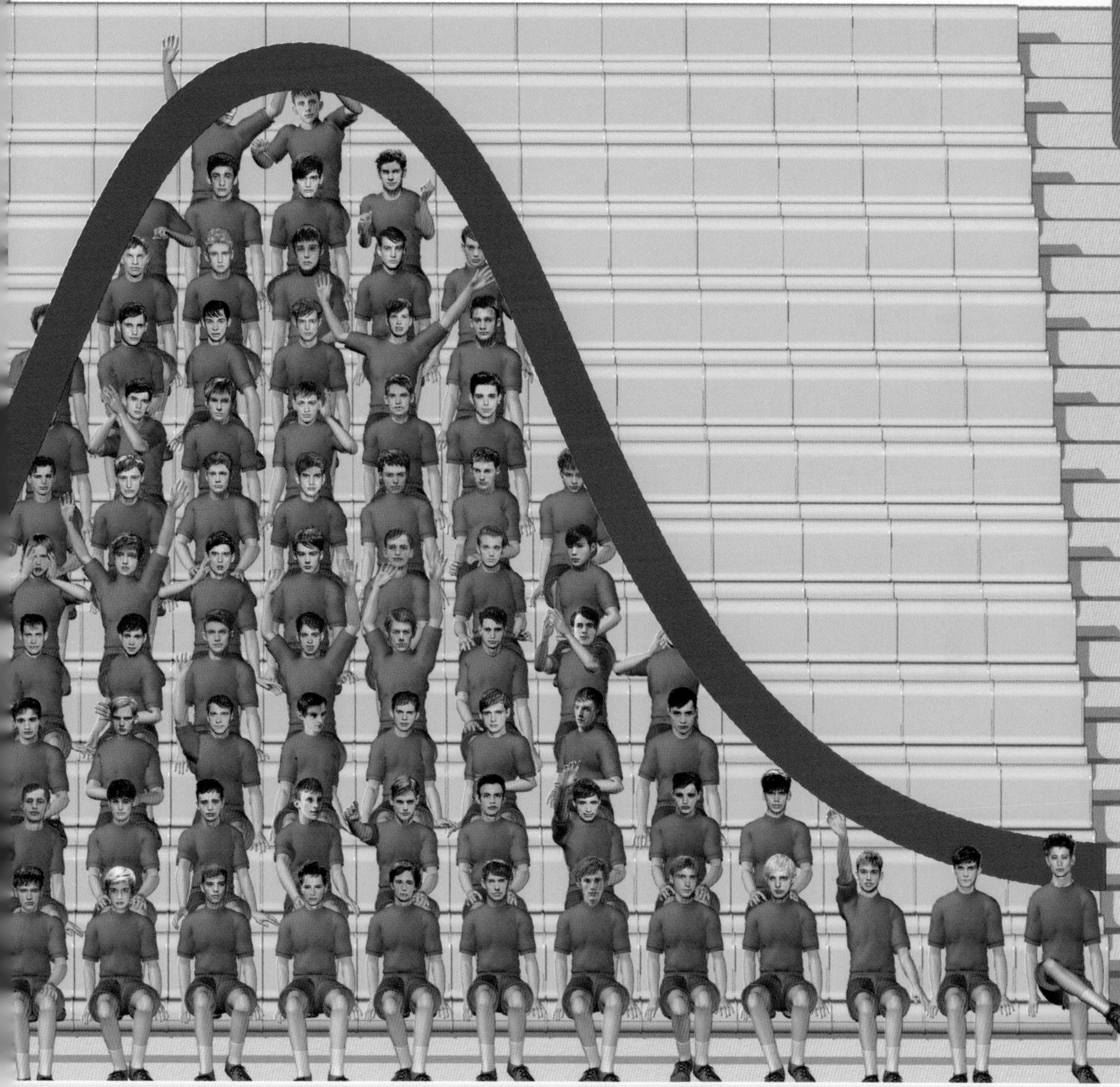

正規分布は「ピンボール」でもつくりだすことができる

今,目の前に右図のような「ピンボール」がある。上から玉を入れると，玉はピンにぶつかるたびに，ランダムに右に行ったり左に行ったりしながら落ちていく。これをくりかえすと，**下部にたまった玉が正規分布をえがくのだ。**

なぜ，このような動きから正規分布があらわれるのだろうか。ピンにぶつかった玉が右に行く確率が50%，左に行く確率が50%だとすると，ピンにぶつかるたびに右にばかり行く玉や，逆に左にばかり行く玉はめったに出ない。そのため，右端や左端のスリットにはボールがほとんど行かない。

一方で「右右左左右」「右左右左右」など，右に進む回数と左に進む回数が同じくらいの玉は多い。これらは途中の経路がことなっていても，中央付近のスリットにたどりつくため，山型の分布になるというわけだ。

正規分布があらわれる条件「中心極限定理」

ピンボールでは，玉は「右か左か」の選択をくりかえしているともいえる。このような，**二者択一の答えを出すことをくりかえしてできる確率の分布**を「二項分布《にこうぶんぷ》」という。

現在では，どんなときに正規分布があらわれるかがわかっている。具体的には，いくつかの出来事がたがいに関係なくおきるとき,出来事の数が多ければ,それらの出来事の和や平均の確率分布は正規分布になる（中心《ちゅうしん》極限定理《きょくげんていり》)。

つまり，前述のピンボールの例でいえば,「玉がピンにぶつかって右か左に動く」という出来事が独立に12回おきるとき,最終的な落下位置の確率分布は正規分布に近づくのである。

くりかえしが正規分布をつくる

正規分布は，フランスの数学者アブラーム・ド・モアブル（1667 ～ 1754）が二項分布を研究する過程で，はじめて発見された。

二者択一をたくさんくりかえすと，その確率分布は正規分布になる。たとえばコイン投げをくりかえした場合も，その確率分布は正規分布に近づいていく。コインを100回投げると，表の出る回数が「50回前後」である確率が最も高く,「30回」や「70回」である確率は低いため，グラフは山型の分布になる。

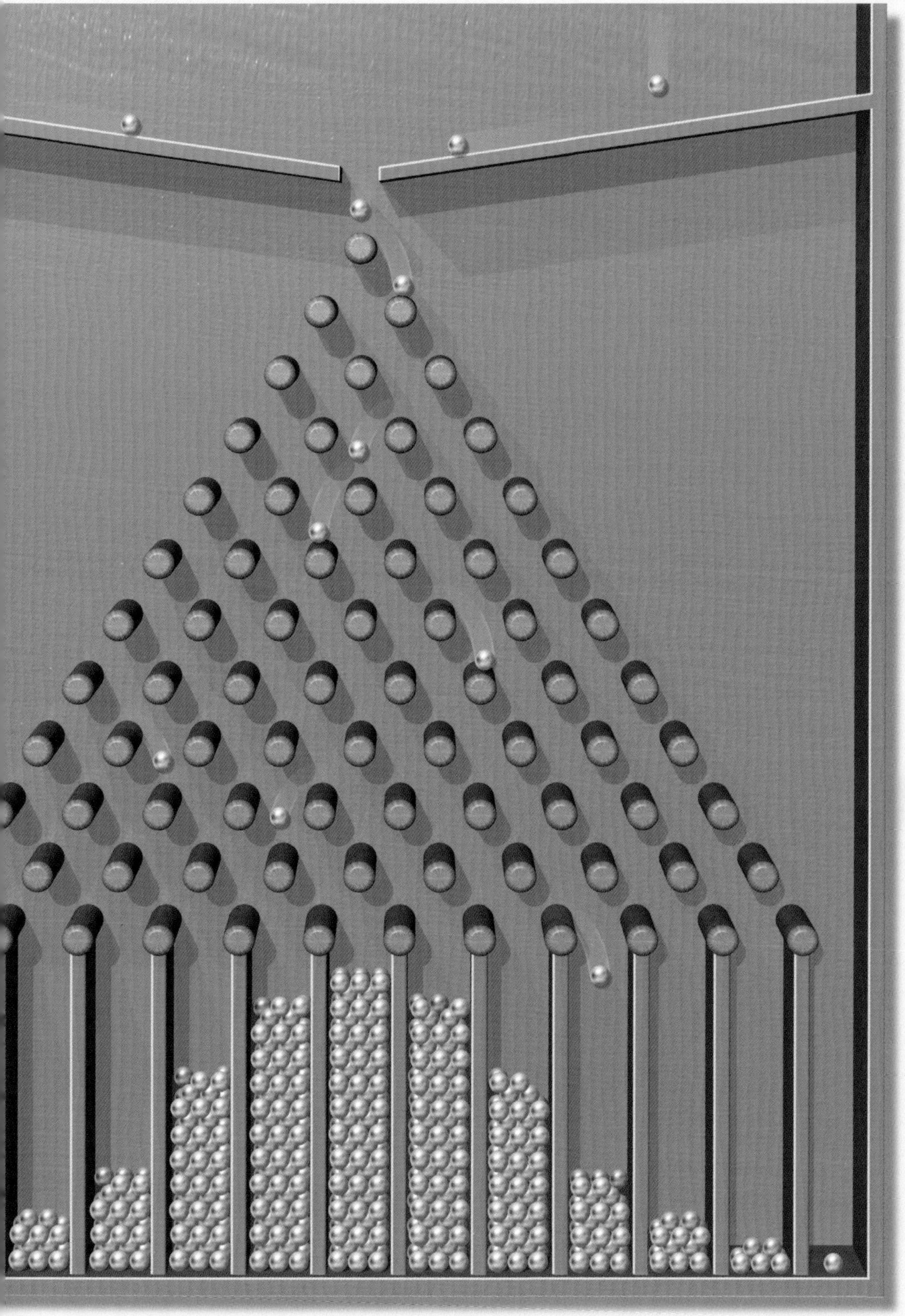

正規分布からのずれ「パン屋のウソを見抜け」

フランスの数学者アンリ・ポアンカレ（1854 〜 1912）※が通っていたパン屋には，「1キログラムのパン」が売られていた。ある日，パンに小さくない個体差があるように感じたポアンカレは，買ったパンの重さを毎日一つひとつ調べることにした。

1年後，ポアンカレがその分布をグラフにすると，950グラムを頂点にした正規分布があらわれた。つまりパン屋は50グラム分をごまかし，950グラムを基準にしてパンを焼いていたのだ（右ページ上段のグラフ）。

このことをポアンカレが指摘すると，パン屋は反省したのか，パンは以前よりも大きいものになった。しかしポアンカレはこれに満足せず，その後も買ったパンの重さをはかりつづけた。

すると，パンの大きさはどれも1キログラム以上に集中し，グラフの形は正規分布にはならなかったのである（右ページ下段のグラフ）。パン屋は950グラムを基準にしたパンを焼きつづけ，ポアンカレが来ると，あらかじめ選んでおいた1キログラムより大きいパンを渡すようにしていただけだったのだ。2度目のごまかしを指摘されたパン屋は，仰天したという。

ケトレーが見抜いた徴兵検査のウソ

正規分布でウソを見抜いた例には，次のようなものもある。ベルギーの統計学者アドルフ・ケトレー（1796 〜 1874）は，フランス軍の徴兵《ちょうへい》検査の際の身長の分布の“157センチメートル前後”の部分におかしな点があることに気がついた。正規分布がくずれ，157センチメートルをわずかに上まわる者が少なく，157センチメートル以下の者が多く記録されたのである。

その理由は，一部の若者が徴兵をいやがっていたことにあった。当時，身長157センチメートル以下の男性は徴兵されなかった。そこで，157センチメートルよりわずかに高い者の一部が，身長を低くごまかしたことが判明したという。

※：この話はポアンカレの名前で語られることが多く，さまざまなバリエーションがあるが，後世の創作の可能性が高い。ジョージ・ガモフ，マーヴィン・スターン著の『数は魔術師』では，パンの重さによる配給制限があった第二次世界大戦後のハンブルクでの話とされており，これが逸話のもとになっていると考えられる。

**毎日買っていたパンについて
横軸にパンの重さを，縦軸に個数をとってえがいたグラフ**

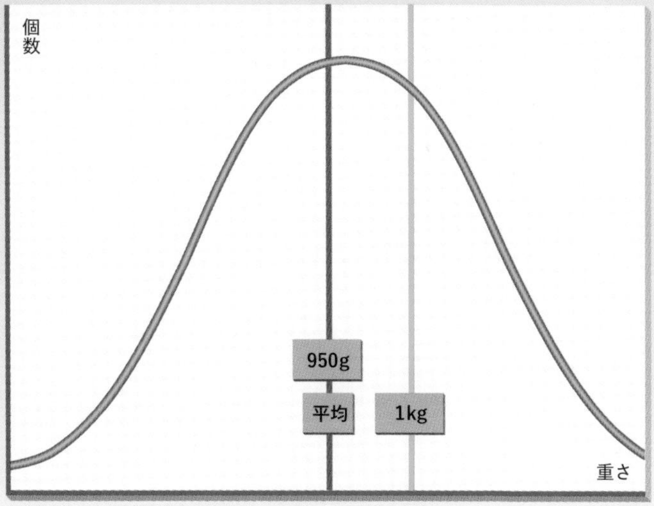

**パン屋にごまかしを指摘したあと
ポアンカレが買ったパンの重さの分布**

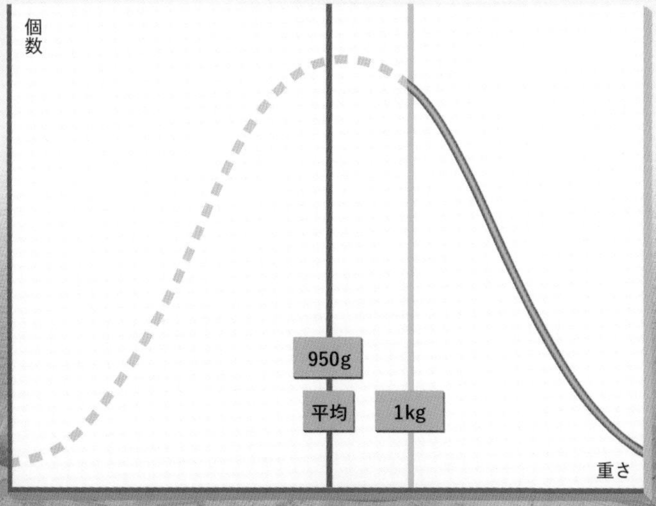

「偏差値」は 万能な学力の指標ではない

高校受験や大学受験などの際に，合格可能性の目安として最もよく使われているのが「偏差《へんさ》値《ち》」である。標準偏差がデータ全体のばらつきぐあいを示す指標であるのに対し，偏差値は，**ある人の点数がどれくらい，どちらの方向に，平均点から離れているのかをあらわす指標だといえる。**

偏差値は，右ページ図中の式で計算される。点数が平均点と同じだった場合，最後の項は0になるため，偏差値は50になる。そして，平均点を標準偏差一つ分上まわる（下まわる）ごとに，偏差値は10ずつふえて（減って）いく。たとえば，あるテストの平均点が65点，標準偏差が15，あなたの結果が95点だったとしよう。これを図中の式にあてはめると，偏差値は70となる。これは，平均点から標準偏差二つ分，高い点数だったということだ。

一方で，偏差値はテストごとに（テストの難易度や，テストを受ける層などにより）変化する。また，一般にテストの点数は正規分布に近い形になること

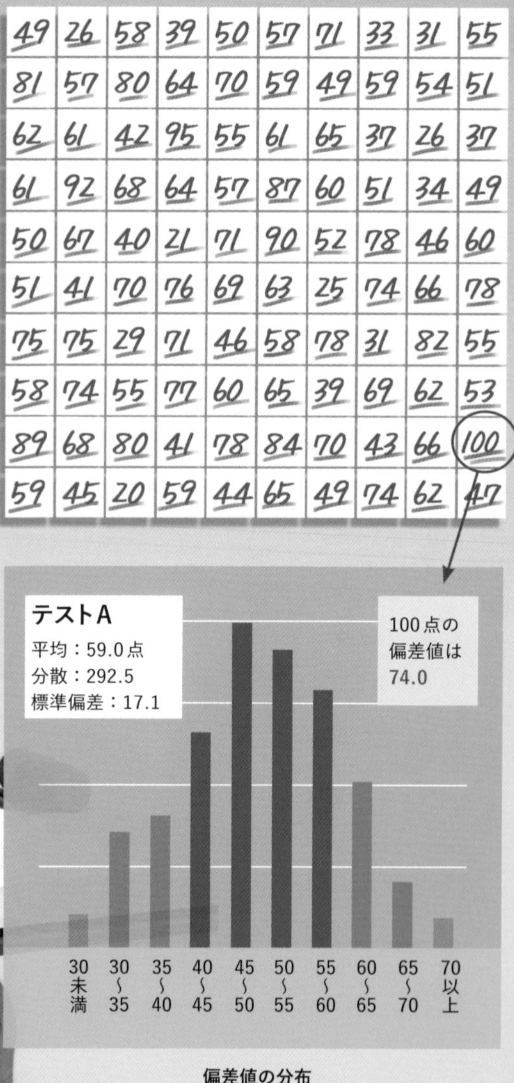

偏差値の分布

が知られているが，テストを受ける人が少なかったり，テストの問題数が少なかったり，問題の難易度にかたよりがあったりした場合には，正規分布にしたがわないことも多くなってくる。その場合，偏差値も誤差が大きくなる可能性がある。

条件によって変化する偏差値（↓）

100人が受けたテストAとテストBの結果，およびその偏差値の分布を示した棒グラフをえがいた。平均点が極端に低かったBでは，100点をとった人の偏差値は約148にもなる。このように偏差値は，学力の高さのよい指標とはならない場合があることも知っておく必要がある。

4	2	5	3	5	5	7	3	3	5
8	5	8	6	7	5	4	5	5	5
6	6	4	9	5	6	6	3	2	3
6	9	6	8	5	8	6	5	3	4
5	6	4	2	7	9	5	7	4	6
5	4	7	7	6	9	2	7	6	7
7	7	2	7	4	5	7	3	8	5
5	7	5	7	6	6	3	6	6	5
8	6	8	4	7	8	7	4	6	100
5	4	2	5	4	6	4	7	6	4

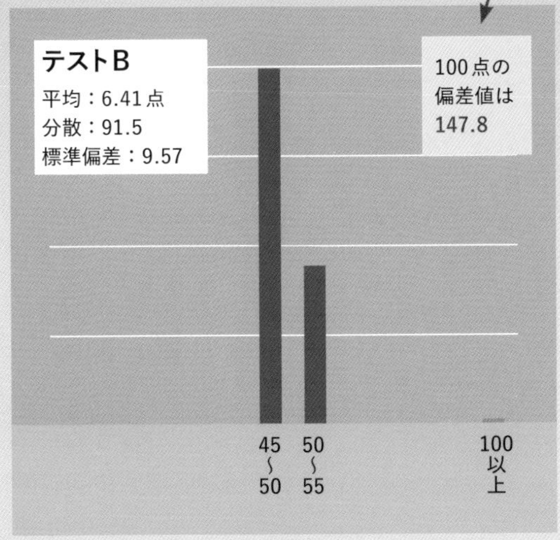

偏差値の分布

偏差値の計算式

$$=50+10\times\frac{点数-平均}{標準偏差}$$

偏差値の分布

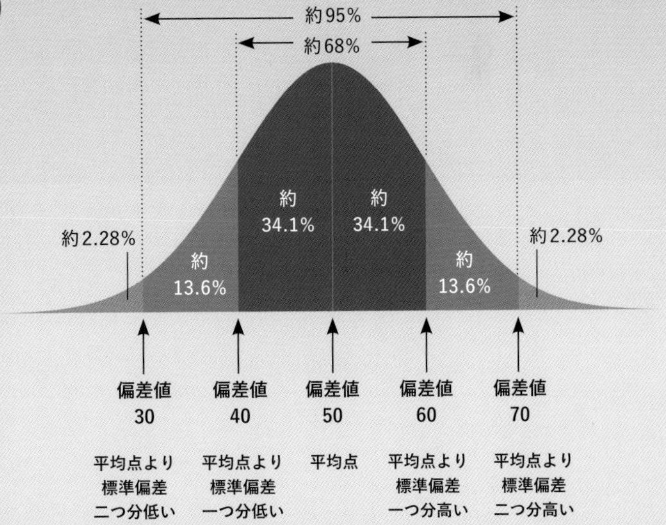

点数の分布が正規分布にしたがう場合，偏差値40〜60の範囲には全体の約68%が，偏差値30〜70の範囲には全体の約95%が入る。

不合格品の割合を調べるには サンプルが何個必要？

あなたは缶詰工場の工場長である。あなたは工場の経営者から，在庫の缶詰を調査して，品質基準を満たさない不合格品の割合を報告するように指示された。

不合格品の割合を，いっさいの誤差なく調べる唯一の方法は，在庫の缶詰をすべて開けて調べる「全数《ぜんすう》調査」だ。しかしそれをしてしまったら，売るための商品がなくなってしまう。すると経営者は,「調査に必要な最小限の個数だけでよい」と言った。このとき，あなたは何個の缶詰を開けるべきだろうか。

全体（母集団）からサンプル（標本）を抜きだして行う調査を「標本《ひょうほん》調査」という。**標本調査は，あくまで全体の一部を調べるものなので，どうしても誤差が生じる。**

調べる数をふやすと 誤差が少なくなる

標本調査で調べるサンプルの量を「サンプル・サイズ」という。**サンプル・サイズをふやせばふやすほど，つまり全数調査に近づくほど，誤差はゼロに近づいていく。** したがって，「どの程度までの誤差を許容するか」が決まれば，あなたは必要なサンプル・サイズを決めることができる。下では，その具体的な計算方法を紹介している。

必要なサンプル・サイズの計算式

$$= \left(\frac{1.96 \times \sqrt{p(1-p)}}{\text{標本誤差}} \right)^2$$

標本調査（→）

工場でつくられた缶詰から一部の缶詰を抜きだして，不合格品の割合を調べるイメージをえがいた。缶詰の品質検査のように，調査によって商品としての価値を失ってしまう検査（破壊検査）や，母集団の数がきわめて多い場合など，全数調査が困難な場合には標本調査が適している。

標本をランダムに
抜きだす
標本
母集団の特徴を
標本から推定する
母集団
TOMATO

統計的に意味のある差であるかどうかを判定する「検定」

たとえば今，「ウォーキングを日課にする人のBMI《ビーエムアイ》の平均値は24.1だった（右下の図）。これは，日課にしていない人の平均値26.1にくらべて2ポイントも低い」という調査結果があるとしよう※1。これを見たある人は「これほど値に差があるのだから，ウォーキングはBMIを下げる効果があるといえる」と言った。この主張は，本当に正しいといえるだろうか。

二つの集団の平均値に差がある場合，それが「統計的に意味のある差」であるかどうかを判定する方法が「検《けん》定《てい》」である。なかでも「t検定」は，科学研究や社会調査などで最もよく使われる，一般的な検定方法だ。「スチューデントのt検定」とよばれることもあるが，“スチューデント”とは，ギネスビール社の技師だったウィリアム・ゴセット（1876～1937）が，t検定に関する論文を発表するときに使ったペンネームである※2。

当時，データの数が50より少ない場合，正規分布とみなしにくいことがわかり問題になっていた。t検定はそのような問題を解決できる，つまり**小集団でも使うことができる方法として重宝された**。

t検定を行うには，まず二つの集団の人数と分散から「合併分《がっぺいぶん》散《さん》」を求める。

$$= \frac{(22-1)\times 15.71+(24-1)\times 18.94}{22+24-2}$$

$$≒ 17.40$$

集団①
ウォーキングが日課
BMIの平均値：24.1
分散：15.71
人数：22人

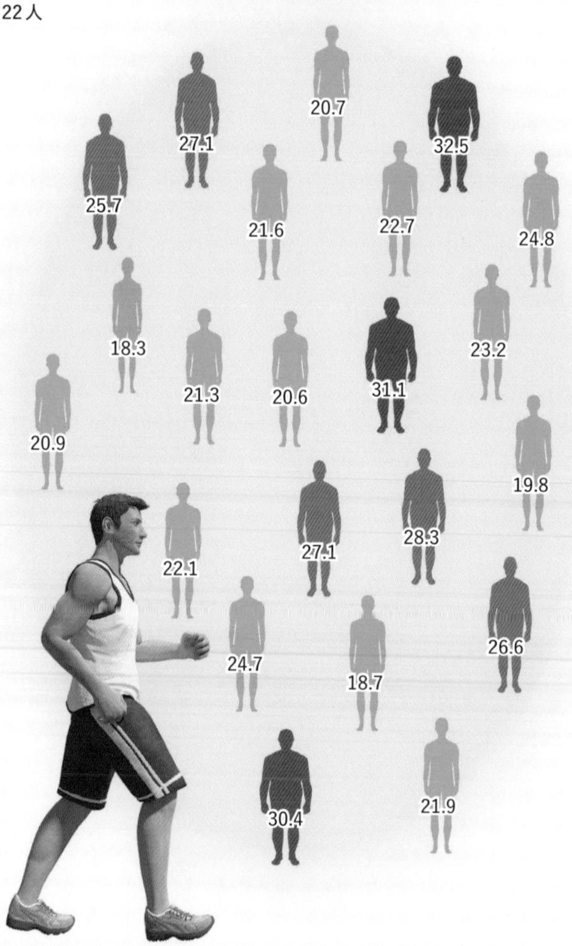

この値を使ってtを求めると，

$$t=\frac{24.1-26.1}{\sqrt{\left(\frac{1}{22}+\frac{1}{24}\right)\times 17.40}}$$

$$\fallingdotseq -1.62$$

となる。得られたtは，統計的に有意とみなされない−2から+2の範囲にあるため，この平均値の差は，「統計的に意味のある（有意な）差とはいえない」と結論づけられる。

※1：調査結果は架空のもの。またBMIとは，数値が大きいほど肥満度が高いことを示す指標。体重（キログラム）を身長（メートル）の2乗で割る。

※2：ゴセットは，社員という立場を考えてペンネームを使った。

集団②

ウォーキングを日課にしていない

BMIの平均値：26.1

分散：18.94

人数：24人

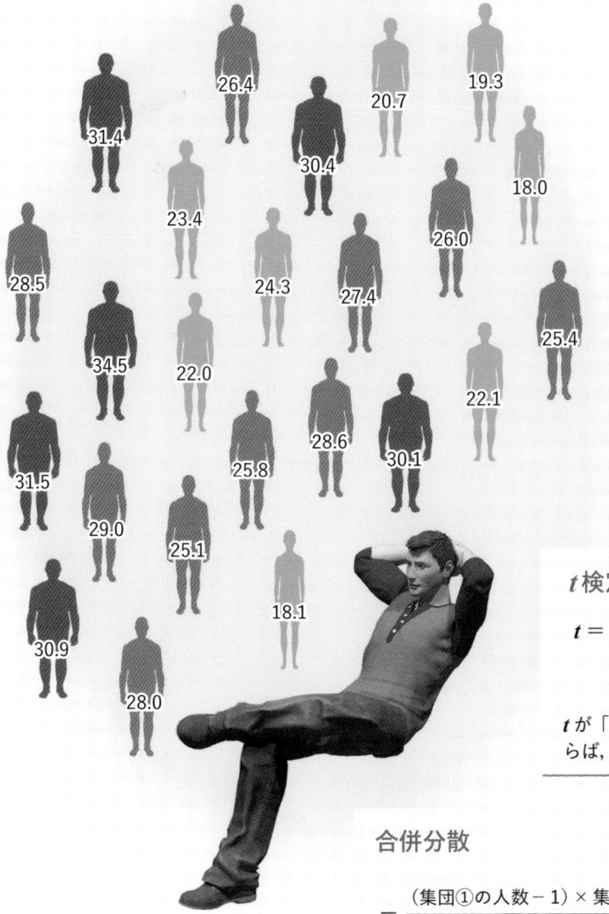

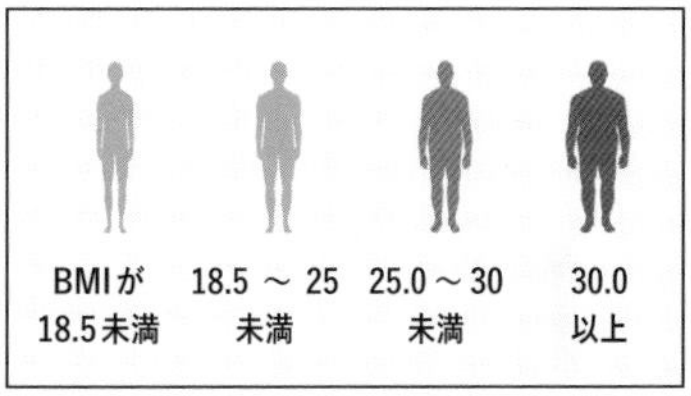

t検定

$$t=\frac{\text{集団①の平均値}-\text{集団②の平均値}}{\sqrt{\left(\frac{1}{\text{集団①の人数}}+\frac{1}{\text{集団②の人数}}\right)\times\text{合併分散}}}$$

tが「−2より小さい」もしくは「+2より大きい」ならば，平均値の差は統計的に有意といえる。

合併分散

$$=\frac{(\text{集団①の人数}-1)\times\text{集団①の分散}+(\text{集団②人数}-1)\times\text{集団②の分散}}{\text{集団①の人数}+\text{集団②の人数}-2}$$

似て非なる「因果関係」と「相関関係」

日々のニュースの中には，統計的な調査にもとづいたものも数多くある。しかし，そのような統計の結果を見るときに注意すべきことがある。それは,「因果関係」と「相関関係」はちがうということだ。

因果関係とは，**二つの物事が「原因」と「結果」の関係にあることを意味する**。たとえば「気温が高いから冷たい飲み物がよく売れる」という現象は，「気

正の相関関係

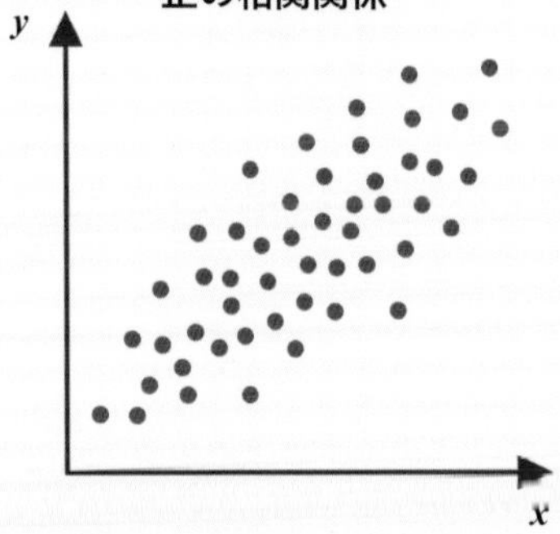

「xの値がふえるとyの値もふえる」「xの値が減るとyの値も減る」といった傾向がみられる場合,「正の相関関係がある」という。相関係数が1に近い場合にあたる。

負の相関関係

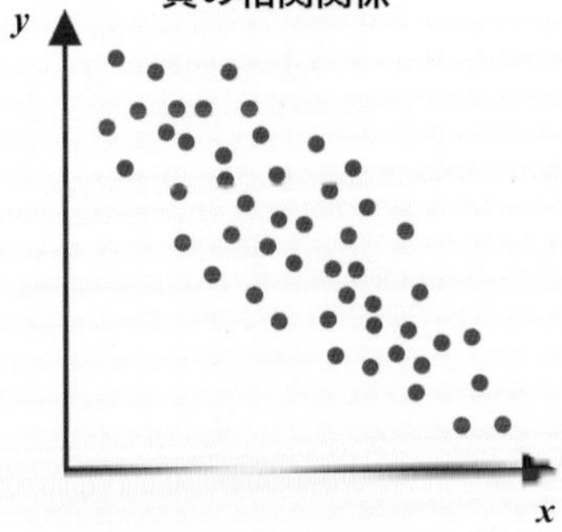

「xの値がふえるとyの値が減る」「xの値が減るとyの値がふえる」といった傾向がみられる場合,「負の相関関係がある」という。相関係数が－1に近い場合にあたる。

相関関係がない

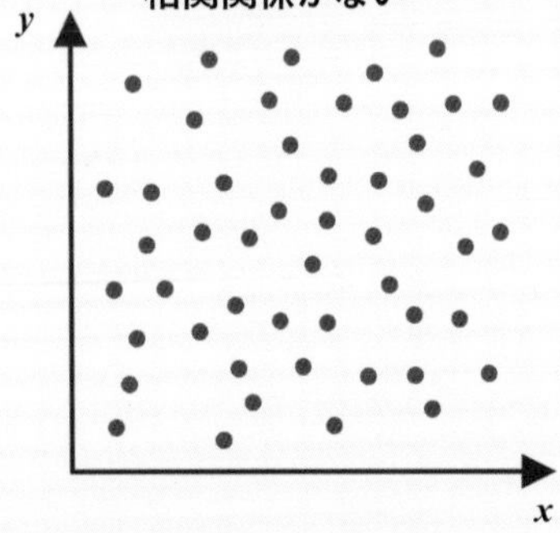

xの値の増減と，yの値の増減に一定の関係がみられない場合，「相関関係がない」という。相関係数が0に近い場合にあたる。

相関関係

三つのグラフは，「正の相関関係」「負の相関関係」「相関関係なし」の典型的な散布図である。散布図とは，縦軸と横軸にそれぞれ別のデータを対応させ，点を打ってつくった図のことをいう。

また右ページは，小学生の身長（xセンチメートル），体重（yキログラム）という二つの量をもつ9個のデータの分布図である。すべてのデータについて，xとyのそれぞれの偏差（へんさ：平均との差）を求め，そこから相関係数を求めると，0.77になる。

相関係数

$$= \frac{\text{共分散}}{x\text{の標準偏差} \times y\text{の標準偏差}}$$

温」と「冷たい飲み物の販売額（販売数）」との間に因果関係があるといえる。

一方で，**ある特定の量が増加するのにつれて，別の量も増加する傾向がある**とき，「正の相関《そうかん》関係がある」という。たとえばグラフの縦軸に「1日あたりの勉強時間」，横軸に「学校のテストの点数」をとり，複数人のデータの分布をみたとき，左ページの図上段・左のような形になる場合がこれにあたる。

反対に，**ある特定の量が増加するのにつれて，別の量が減少する傾向がある**とき，「負の相関関係がある」という。また，これらの傾向がみられない場合は「相関関係がない」という（→次節につづく）。

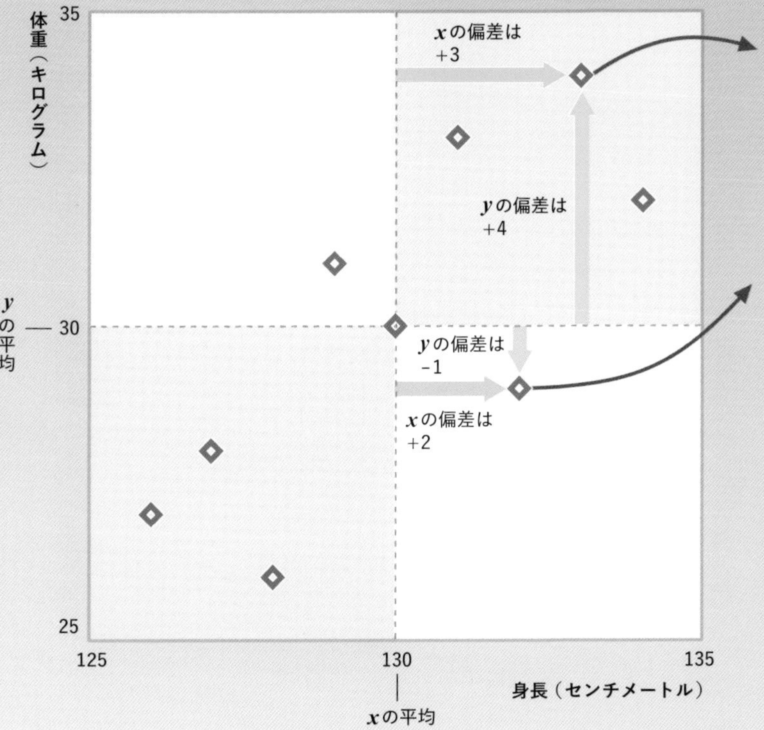

データ$_1$：x = 133，y = 34
xの偏差は 133 − 130 = +3
yの偏差は 34 − 30 = +4
両者の積は（+3）×（+4）= 12

データ$_2$：x = 132，y = 29
xの偏差は 132 − 130 = +2
yの偏差は 29 − 30 = −1
両者の積は（+2）×（−1）= −2

⋮

すべてのデータについて「xの偏差とyの偏差の積」を求め，その平均をとったものが「共分散（きょうぶんさん）」である。このデータでは「5.1」となる。これをxの標準偏差2.58とyの標準偏差2.58の積で割った「0.77」が相関係数だ。

共分散
=（データ$_1$のxの偏差 × データ$_1$のyの偏差
+データ$_2$のxの偏差 × データ$_2$のyの偏差
⋮
+データ$_n$のxの偏差 × データ$_n$のyの偏差）× $\frac{1}{n}$

“ニセモノ”の相関を生みだす第三の事象を見抜け

ここで注意すべきなのは，二つの物事の間に相関《そうかん》関係があることは，必ずしも因果関係があることを意味しないということだ。

たとえば，統計から「ビールの販売額（販売数）」と「水難事故の件数」との間に正の相関関係がみられたとする。しかし，ここから「ビールの販売をひかえれば（ひかえたことが原因で），水難事故が減る」とはならないだろう※。

二つの事象の間に因果関係がないにもかかわらず，相関関係が認められ，因果関係があるかのようにみえてしまうことを「疑似相関《ぎじそうかん》」という。相関関係のグラフを見るときは，つねに**二つの事象に相関関係をもたせる原因となった“第三の事象”がないかを考えないと，疑似相関にだまされてしまうことになる。**

前述の例の場合，「気温」という別の原因が，ビールの販売額（販売数）と水難事故の件数の両方に影響をあたえていると推測できる。気温が上がればビールもよく売れ，海や川などで遊ぶ人がふえて水難事故もふえる。気温が下がれば，その逆になるというわけだ。

※：なかには飲酒が原因でおぼれてしまうような事例があるかもしれないが，常識的に考えて，おかしなことと感じられるはずだ。

ビールの販売額（販売数）

風が吹くと桶屋が儲かる

古くから知られている「風が吹けば桶屋（おけや）が儲かる」という言葉は，一見関係なさそうにみえるものの間に因果関係があることを示した言葉だ。まず，風が吹くと，舞い上がった砂ぼこりによって目が見えなくなってしまう人がふえる。この人たちは三味線を弾いて（しゃみせん：いわゆる“弾き語り”）生計をたてるようになるので，三味線をつくるためにネコの皮が多く必要になる。これによりネコが減り，ふえたネズミが桶をかじるので，桶がよく売れるようになるというものだ。

原因と結果の結びつきが弱い例も少なからず含まれているが，因果関係のイメージを理解するにはよい例といえる。

疑似相関の背後には“真の原因”がかくれている?

イラストでは疑似相関の例をえがいた。「ビールの販売額（販売数）」と「水難事故の件数」に相関関係が認められたとしても，それは因果関係があることを意味しない。この場合，「気温」という別の要素がそれぞれの原因となっている。

水難事故の件数
疑似相関
因果関係
因果関係
℃ ℉
気温

男女で合格率に差がある大学 学部別でみると……？

理学部と医学部の二つの学部からなる，架空の大学があるとする。ある年の入学試験では，男性受験者の合格率が53.6%だったのに対して，女性受験者の合格率は43.0%で，10ポイント以上も男性を下まわった。このデータからは，“女性にきびしい入学試験”という声が上がりそうである。

ところが不思議なことに，学部ごとの合格率をみると，どちらの学部も，男性受験者より女性受験者のほうが合格率が高かったのだ（下図参照）。

これは,「シンプソンのパラドックス」とよばれる現象である。イギリスの統計学者エドワード・シンプソン（1922 ～ 2019）は1951年にこのような例をあげて，全体に注目するか，部分

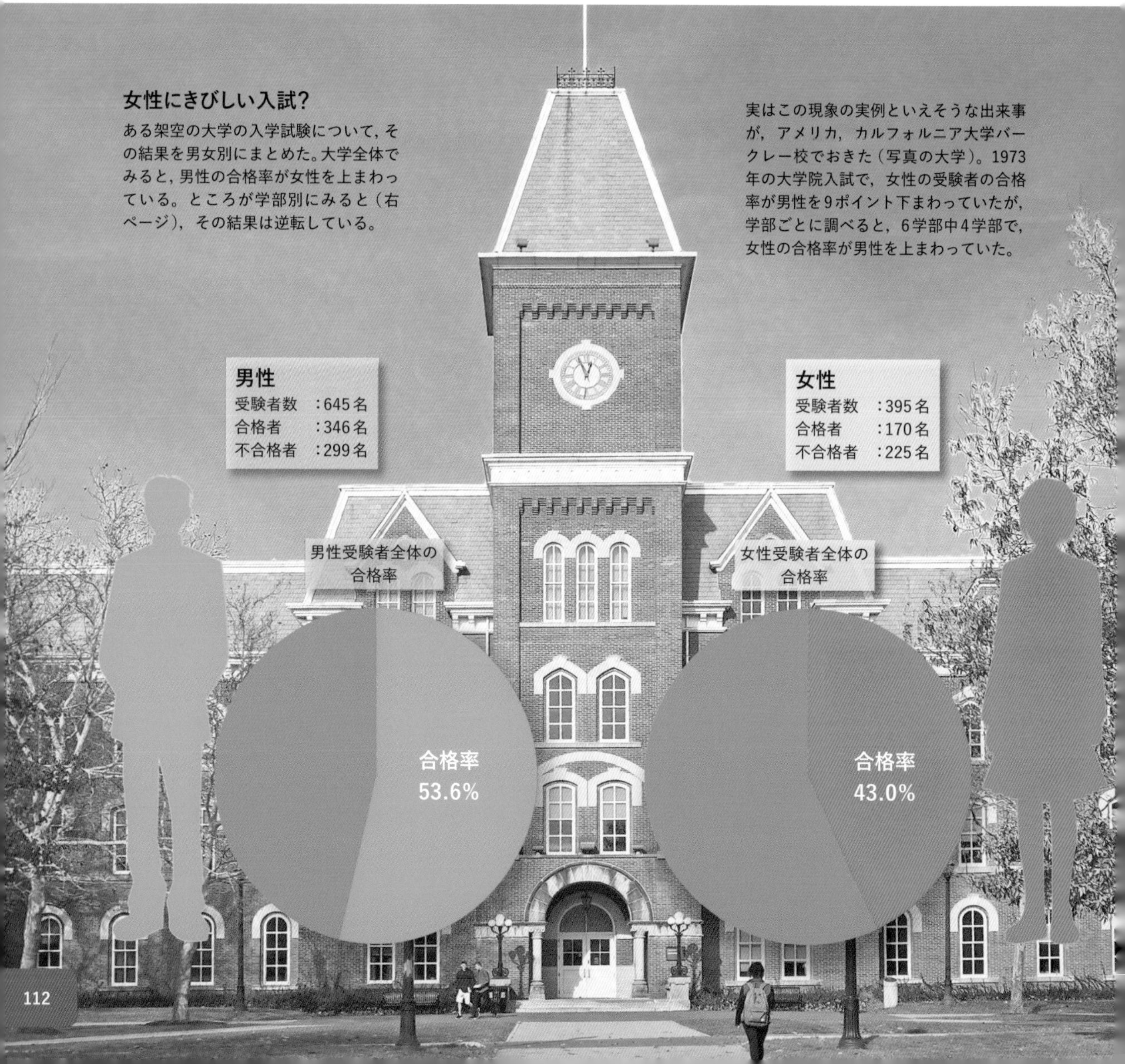

女性にきびしい入試？

ある架空の大学の入学試験について，その結果を男女別にまとめた。大学全体でみると，男性の合格率が女性を上まわっている。ところが学部別にみると（右ページ），その結果は逆転している。

実はこの現象の実例といえそうな出来事が，アメリカ，カルフォルニア大学バークレー校でおきた（写真の大学）。1973年の大学院入試で，女性の受験者の合格率が男性を9ポイント下まわっていたが，学部ごとに調べると，6学部中4学部で，女性の合格率が男性を上まわっていた。

に注目するかによって，結論がことなる場合があることを指摘したのだ。

統計のウソに だまされないために

このパラドックスは，**全体だけをみて，あるいは部分だけをみて，不正確な結論をみちびく危険性を物語っている。**別の言い方をすれば，このパラドックスを悪用すれば，**全体か部分かのどちらかのデータだけを強調して，都合のよい主張をすることもできてしまうことになる。**

たとえば,「高所得者層も低所得者層も平均年収が増加しているのに，全体では平均年収が減少している」といったとき，層別のデータからは「景気は上向き」, 全体のデータからは「景気は下向き」と，正反対の主張ができてしまう。

統計のウソにだまされないために，こうしたパラドックスの存在も頭に入れておこう。

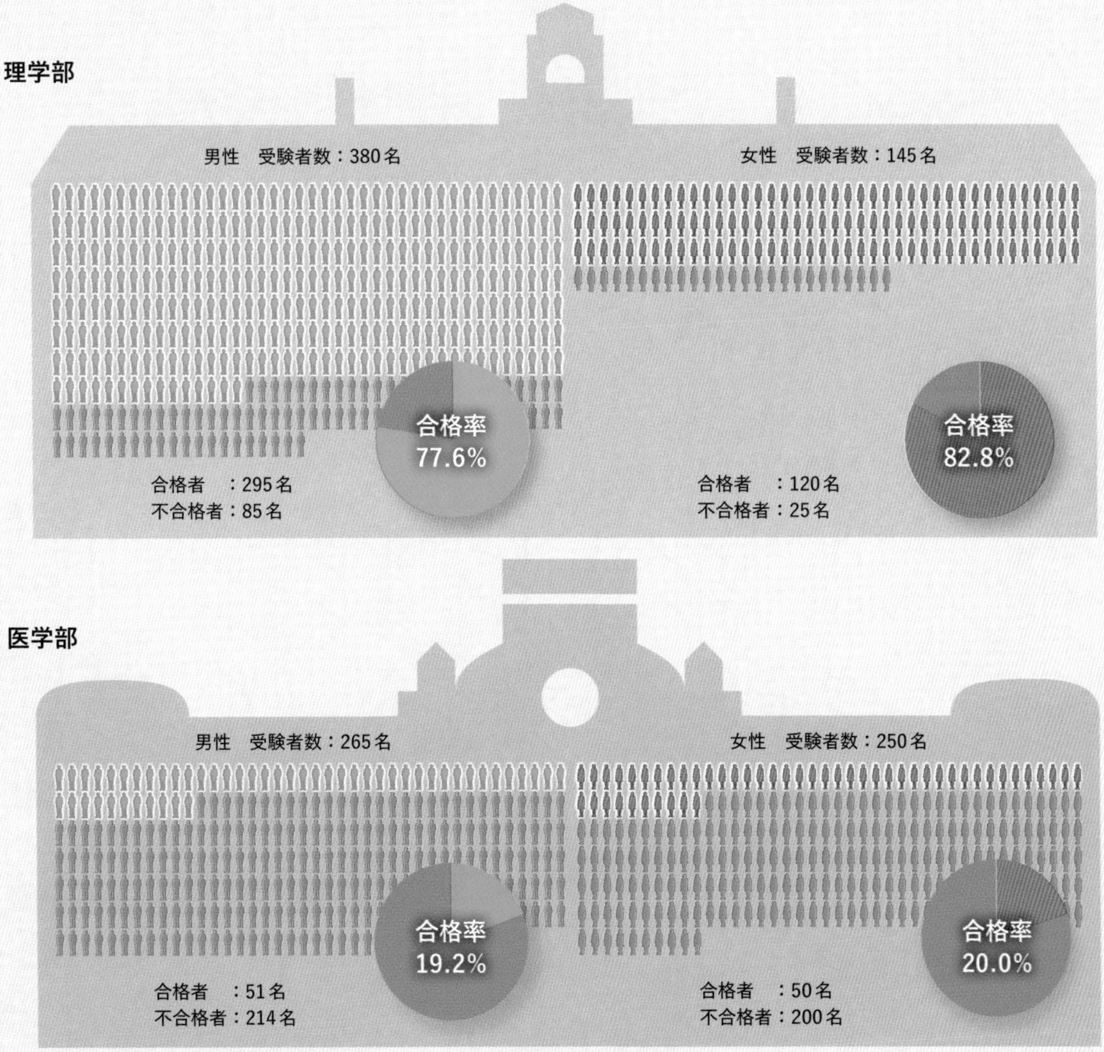

不正を見破る「いちばん上のけたの数字」に注目せよ

本章の最後に，統計データにひそむ，興味深い「ベンフォードの法則」を紹介しよう。

右ページ上のグラフ①は，世界各国の国土面積の数値の「最上位のけた」が，1から9までのどの数字なのかをまとめた結果である。たとえば，日本の国土面積は約38万平方キロメートルなので「3」になる。約200の国を調べると，「1」が28.6％と最も多く，次に「2」「3」とつづく。

日経平均株価の対象銘柄《めいがら》225社の株価について調べたグラフ②も，やはり1が最も多い結果となった。新聞に登場する数字で調べたグラフ③も1が最も多く，グラフの傾向は同じだった。

ばらばらな値の「最上位のけた」は，1から9までのどの数字も同じ頻度であらわれそうにも思える。**しかし，多くの統計データでは「1」が最も多くなり，「8」や「9」が最上位の数になる確率は小さいのである。**

会計や選挙の不正を見抜くのに役立つ

アメリカの物理学者フランク・ベンフォード（1883～1948）は，川の流域面積，物理定数，新聞記事に出てくる数字など，実に2万ものサンプルを調べてこの法則を示した。

ベンフォードの法則は，実社会でも役立っている。会社の会計や選挙結果をチェックする際に，値がこの法則に沿うかどうかが，不正の存在を推測する指標になるためだ。

ただし，ベンフォードの法則はどんな値にも成り立つわけではない。電話番号や宝くじのように，**けた数が決まっている値については，あてはまらないことに注意が必要である。**

下の棒グラフを
円グラフであらわしたもの

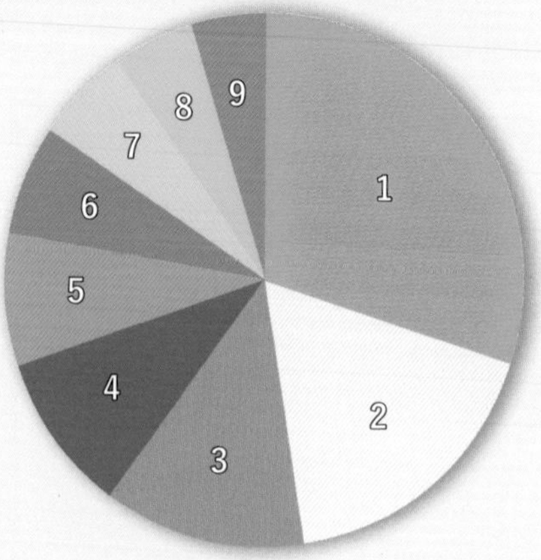

ここではくわしい説明ははぶくが，ベンフォードの法則は，数学の重要な概念である「対数（たいすう）」に深く関係している。対数とは，たとえば「2を何乗すれば16になるか」を示した値のことで，logという記号を使って$\log_2 16 = 4$とあらわす。上の棒グラフは，1から9までの値を取りうるnについて，$\log_{10}\left(\frac{n+1}{n}\right)$ の値を％で示したものである。右の①～③は，いずれも上の棒グラフとよく似ていることがわかる。また上には，棒グラフを円グラフにしたものも示した。

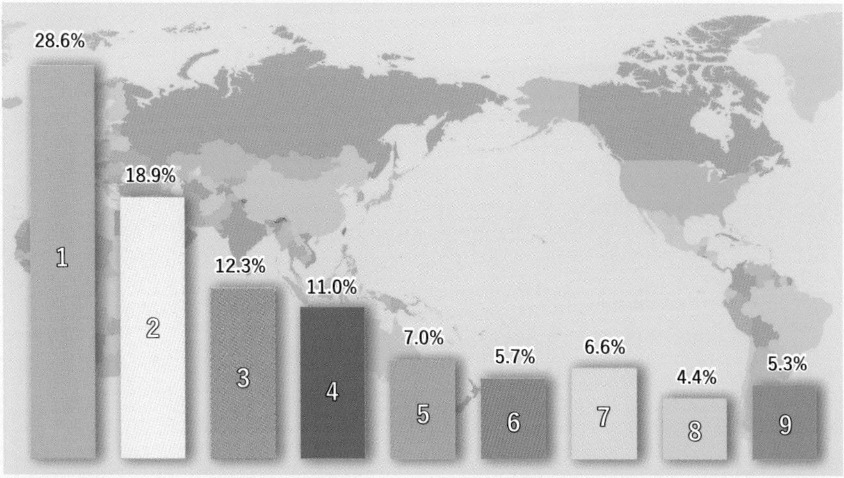

① 国土面積

約200の国について，国土面積（平方キロメートル）を調べた結果（グラフは最上位のけた，Newton調べ）。

② 株価

2019年1月のある日時における，日経平均株価の対象銘柄225社の株価（円）を調べた結果（グラフは最上位のけた，Newton調べ）。

③ 新聞に出てくる数字

ベンフォード自身が，新聞に登場する100の数値を調べた結果（グラフは最上位のけた）。

社会で役立つ統計

協力　高橋 啓／田村 秀／深谷肇一
協力・監修　今野紀雄／藪 友良

世の中には，直感では判断できない問題がたくさんある。「世間は, この問題についてどう考えているのだろうか」「どちらのデザインのほうが, お客さんに好まれるだろうか」。そんなときに力を発揮するのが「統計」だ。本章では，社会や生活のさまざまな場面で役立つ「統計」の威力について，せまっていく。

5

保険料の設定は統計と確率がたより

私たちは,「もしも」のときにそなえて保険に入る。幸いなことに何事もおこらなければ，私たちは支払った保険料が「無駄だった」と感じるかもしれない。一方で保険会社からすれば，保険金の支払いが少なくすめば，それだけ経営が楽になる。

公益社団法人日本アクチュアリー会では，各保険会社から提供された過去の統計データをもとに，年齢別の1年間の死亡率を集計，公表している。**各保険会社はこの死亡率などを参考に，保険料や保険金をバランスよく設定する。**

話を単純にするために,「1年間の保険契約期間内に死亡したら1000万円が支払われる」という生命保険を考えてみることにしよう。なお，各年齢の加入者は10万人と仮定する。

20歳男性の場合，1年間の死亡率は0.084％なので，84人が亡くなると予測される。つまり，保険会社が支払う保険金の総額は「84人×1000万＝8億4000万円」だ。この金額を10万人で負担すると考えると（金利や経費などは除く），加入者1人あたりの保険料は「8400円」と計算される。死亡率は年齢を重ねるにつれて高くなるので，保険料もしだいに上がることになる。

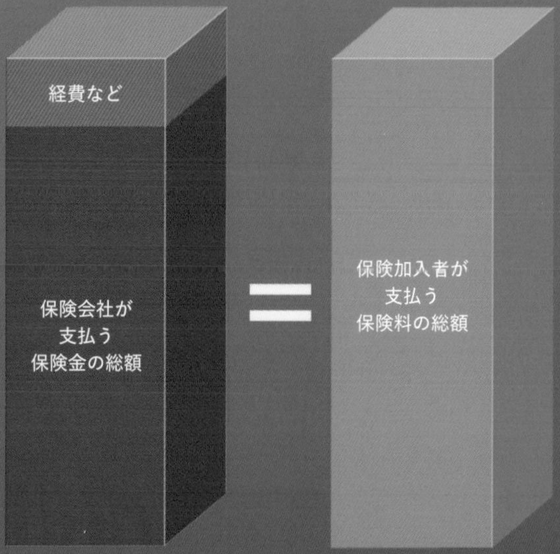

保険の金額設定のしくみ

「保険会社にとって必要なお金」(図中・左，ピンク色と赤色の部分）が「加入者が支払う保険料の総額」(図中・右，青色の部分）よりも多くなれば，保険会社には赤字が発生する。つまり両者は，つり合う必要がある。

一方で加入者からみれば，保険料の総額に対する保険金の支払い総額は，100％を下まわることになる。つまり期待値で考えれば，保険は「損」なのだ。しかし想定外のリスクを回避できるメリットがあるため，多くの人は保険を意味のあることだと考える。

（↓）

生命保険のしくみ

本文で紹介した，契約期間内（1年間）に死亡すると1000万円が支払われる生命保険のモデルを示した。20歳，40歳，60歳の男性について検討している。ここでは保険会社の経費などは考慮していないため，実際の保険料はより高く設定される。

（←）損害保険（地震保険）のしくみ

損害保険でも，基本的な考え方は生命保険と同じである。たとえば地震保険では，都道府県単位で地震発生リスクを評価し，その結果をもとに保険料が設定される。リスクが高いと評価された地域（図中では濃い赤色が最高評価）では，当然保険料が高くなる。また，建材（木造・鉄筋・コンクリート造など）や築年数なども考慮される。

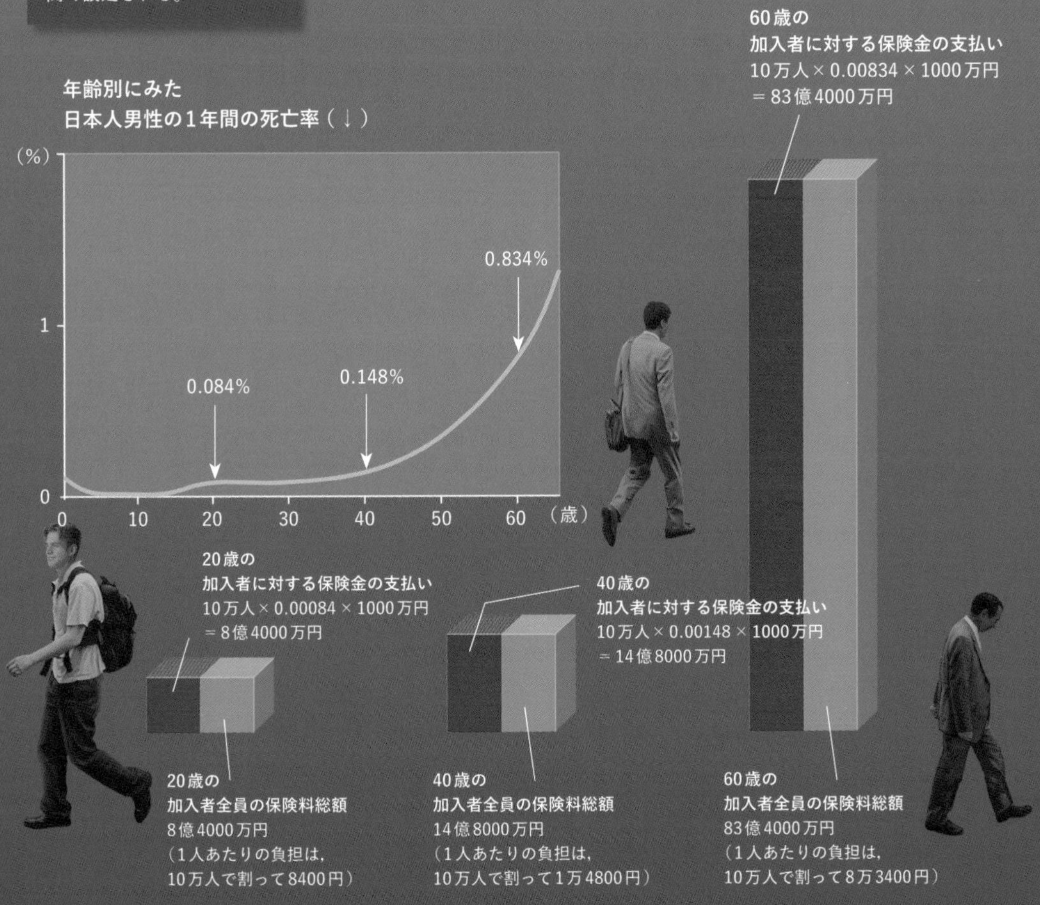

10年保障の保険料の決め方

生命保険には，さまざまな種類がある。最も単純なのは，保険料を定期的に支払い，保障期間が終わるとそのまま契約が切れる「掛け捨て」の保険である。ほかには，支払った保険料の一部を貯蓄できる保険や，定期的に一部が返金される保険などがある。

前節では，「1年以内の死亡」に対して1000万円を保障する「1年保障」の掛け捨て型生命保険を考えた。本節では，近年加入する人も多い，「10年以内の死亡」に対して1000万円を保障する「10年保障」の掛け捨て型生命保険を考えてみよう。

右ページでは，30歳の日本人男性10万人に，この10年ものの保険商品を売る場合をみちびいている。

30歳男性が1年以内に死亡すると予測される人数は68人なので，1年目に保険会社が支払う保険金の総額は68人×1000万円＝6億8000万円となり，1年ものの保険と同額である。ただし翌年からは毎年，**死亡者がふえる（死亡率が上がる）と予想され，保険金の支払いがふえると同時に，保険料を負担する保険加入者は減少することになる。**

結局，10年間で保険会社が支払うと予測される保険料の総額は，80億9000万円（＝6億8000万円＋……＋10億8000万円）となる。また，10年間の加入者は，のべ99万6709人（＝10万人＋……＋9万9299人）となる。保険会社の経費などを除くと，この人数で80億9000万円を負担することになる。その結果，加入者1人あたりの保険料は約8117円と計算される。1年ものの場合の保険料「6800円」よりも高額である。

このように，**契約年数の長い生命保険では，将来の保険金の支払額の増加分も含めて保険料が決まるため，1年の生命保険よりも保険料が高くなる。**そのため，10年ものの保険は1年ものの保険にくらべ，同じ1000万円の保証にもかかわらず，保険料が高額になるのだ。

1年保障の生命保険のつくり方

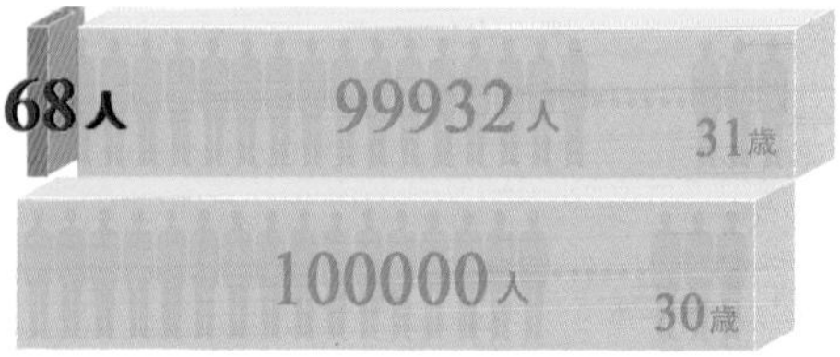

68人×1000万円
＝6億8000万円 ＝ 100000人×？円

これより，
1年ものの保険の
加入者が払う保険料は ＝6800円

10年保証の生命保険のつくり方（→）

右ページでは，30歳男性10万人向けに10年契約・保険金1000万円の生命保険を販売するとき，支払額が最低でもいくらになるかを求めている。なお，加入者は毎年一定額の保険料を支払うものとする。この保険料は，保険会社が支払う保険金の合計と，加入者が支払う保険料の合計がつり合うように計算するとみちびくことができる。

また左では，1年保障の場合の保険料を求めている。

＊図で示した各年齢の死亡者数は，「生保標準生命表2018（死亡保険用）」（日本アクチュアリー会）にまとめられている死亡率から算出した。

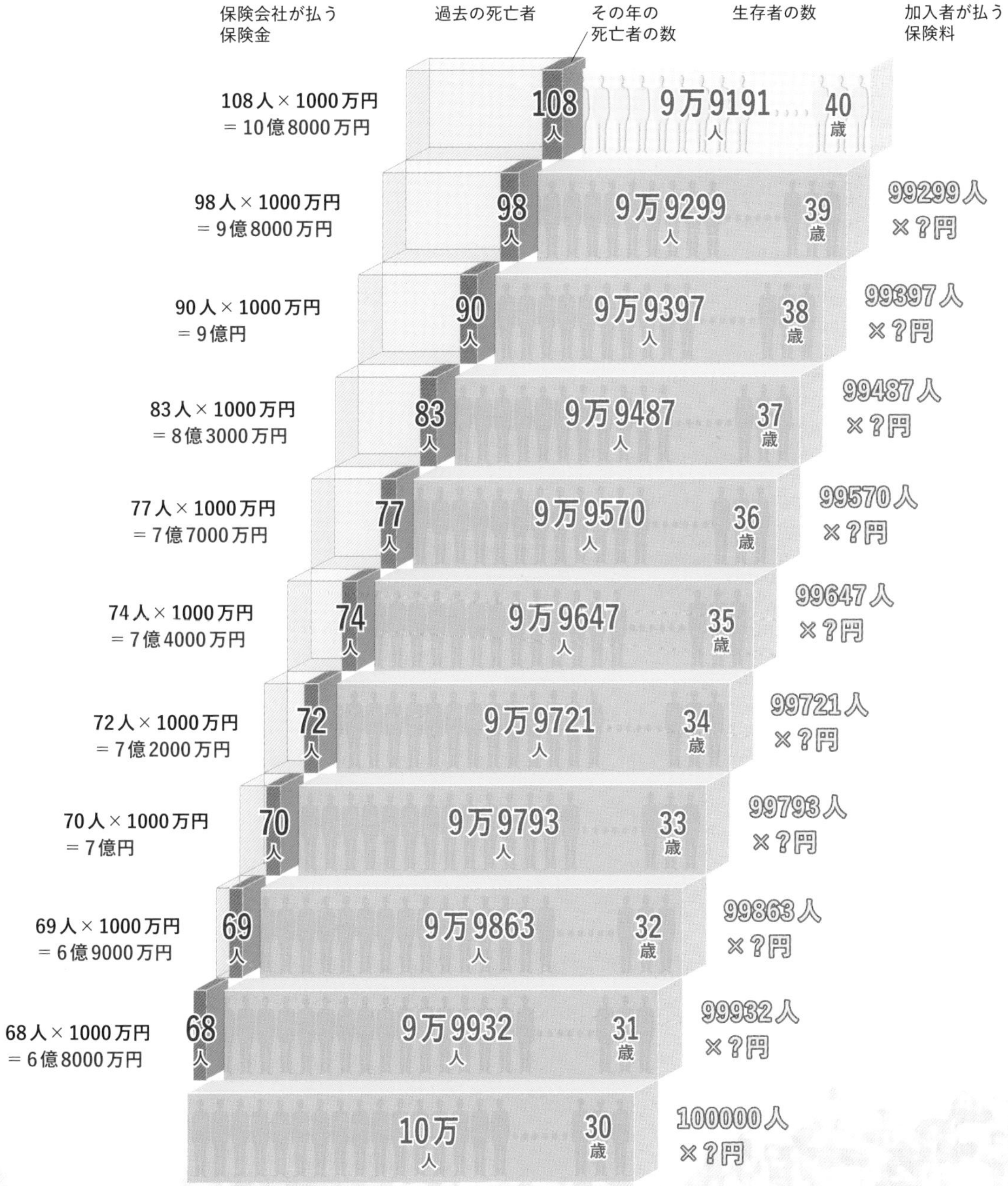

809人×1000万円

＝80億9000万円 ＝996709人×？円

10年間に保険会社が払う保険金の総額　　10年間に全加入者が払う保険料の総額

これより，
10年ものの保険の
加入者が1年ごとに払う保険料は **＝8117円**

生命保険と ハレーの「生命表」

膨大なデータを分析し，読み解く学問である統計学は，社会においてさまざまな形で役立てられている。病気や事故にそなえる「保険」は，その代表例といえる。

保険自体は，統計学が誕生する前から存在していた。もし大きな病気にかかったり，事故にあったりすれば，治療などのために大金が必要となる。また“一家の大黒柱”が若くして亡くなれば，あとに残された家族は当然生活が苦しくなる。

このようなことがおこったときのために，あらかじめ複数人でお金を出しあって積み立てておき，その中のだれかに不幸があると，本人やその家族にまとまったお金を支払うという取り決めが，世界各地で行われていたという。

しかし，このしくみには問題があった。高齢者やはたらき盛りの人たち（特定の年齢層）は，病気になったり，ケガをしたり，死亡したりすることが多いと経験的にわかっているのに，出すお金は全員同額であり，不公平感があるというものだ。一方でこのような場合に，だれがいくら払えば“平等”になるのかもわからなかった。

統計データにもとづいた保険のはじまり

17世紀になると，現代の「統計データにもとづいた保険」につづく，さまざまな発見が行われるようになる。

1662年，イギリスの商人ジョン・グラントは，ロンドンの教会に埋葬《まいそう》された死者の記録を丹念に調べあげ，100人あたり36人が6歳以下で死亡すること

ハレー彗星と
エドモンド・ハレー（→）

や，都市部と地方の社会的特徴の差などを明らかにした。

また，ハレー彗星《すいせい》に名を残したイギリスの天文学者エドモンド・ハレー（1656 ～ 1742）は，ドイツのある地域の死亡記録から，年齢ごとの死亡率をまとめた「生命表《せいめいひょう》」を作成し，1693年に世界ではじめて発表した。さらにハレーはそこから，バランスのとれた保険料と保険金の算出法など，現代につながる生命保険の基礎となる理論をつくりあげている。

ちなみに，日本にはじめて生命保険会社が誕生したのは1881（明治14）年のことだ。福《ふく》澤《ざわ》諭吉《ゆきち》の門下生である阿部《あべ》泰蔵《たいぞう》によって創設された「有限明治生命保険会社」は，今も明治安田生命保険相互会社としてつづいている※。

※：明治安田生命保険相互会社，アフラック生命保険株式会社のウェブサイトを参考にした。

エドモンド・ハレー

湖に生息する魚の数を数えるには?

「この地域に野生のクマは何頭いるのか」「工場でつくられる精密部品のうち，不良品はどれくらいなのか」。こうした疑問に対し，クマや部品をしらみつぶしに調べるのはあまりにも非効率だ。

統計学の手法を使えば，わずかな情報をもとに，これらのことを推定できる。たとえばアメリカのイエローストーン湖には，もともと「カットスロート・トラウト」というマスの一種が生息していた。しかし1994年に，釣り人が持ちこんだと推測される外来種「レイク・トラウト」が発見された。その後，レイク・トラウトはみるみるふえ，

捕獲再捕獲法のしくみ

1～3の手順により，広大な湖にいる魚の数を，大きな労力をかけずに効率よく推定できる。

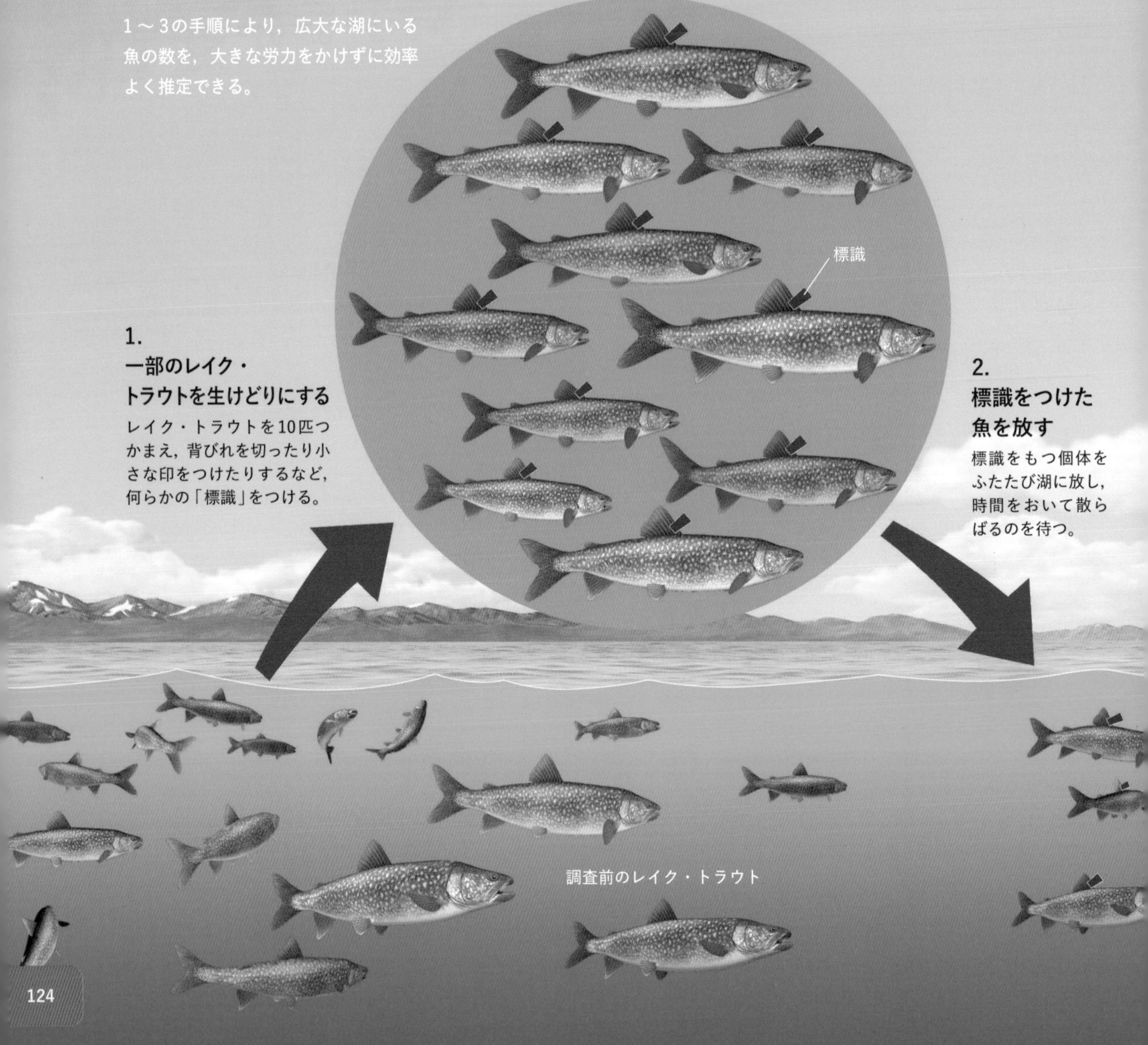

捕食された（エサになった）カットスロート・トラウトは激減してしまった。

レイク・トラウトは，発見直後から駆除がつづけられているが（10年間で約100万匹が排除された），それでも根絶することはできなかった。そこで駆除チームは，湖にレイク・トラウトがどれくらい生息しているかを，統計学を使って調べることにした。これは，推定された個体数をもとに駆除方法を再検討するためだ。

しかし，広く深い湖にいるレイク・トラウトをすべて数えるのは不可能だ。そこで，**一部の個体を捕獲し，集団全体の個体数を推定する「捕《ほ》獲《かく》再《さい》捕《ほ》獲《かく》法《ほう》」を用いることにした。**

まず，レイク・トラウトを何匹かつかまえて，背びれの一部を切るなどの「標識」をつける。そして標識をもつ個体を湖に放し，ほかの魚たちの中によくまざったあと，ふたたび一部をつかまえる。ここで，**標識をもつ個体がどれくらいの割合で含まれているかを調べれば，全個体数を予測できるというわけだ。**

3. ふたたびレイク・トラウトを捕獲する

標識をもつ個体が，湖のほかのレイク・トラウトの中によくまざったあと，ふたたび10匹のレイク・トラウトをランダムにつかまえる。この10匹の中に，標識をもつものが1匹いたとしよう。もし，標識をつけたときから2回目の捕獲までに，出生や死などで個体数が大きく変化することがなく，10匹が無作為に抽出されたものであるなら，標識をもつものは全体の10％を占めると考えるのがもっともらしい。過去に標識をつけた個体は全部で10匹おり，この10匹が全個体数の10％ということになるので，全個体数（100％）は推定「100匹」となる。

1000人の回答から全国民の考えを推測できる

現在の政権は，どれくらいの人に支持されているのだろうか。この疑問に答えるために，1億人をこえる全国民に意見を聞くのはあまりにも非効率だ(全数調査)。

世論調査では，実は1000人ほどの回答から，この疑問に確率を使って答えている。世論調査で政権支持率を調べたところ，「有効回答数1000，支持率70％」という結果が出たとしよう。すると，「真の支持率は67～73％の範囲にある可能性が95％」と推定できる。

このような調査を「標本調《ひょうほんちょう》査《さ》」とよぶ。なぜ，全国民のうちたった1000人に聞くだけで，全体の意見を推測できるのだろうか。その理由は，**鍋のスープの味見をするのに，スプーン一杯で十分であるのと同じだ。**スープがよくまざっているなら，スプーン一杯の味のバランスと，

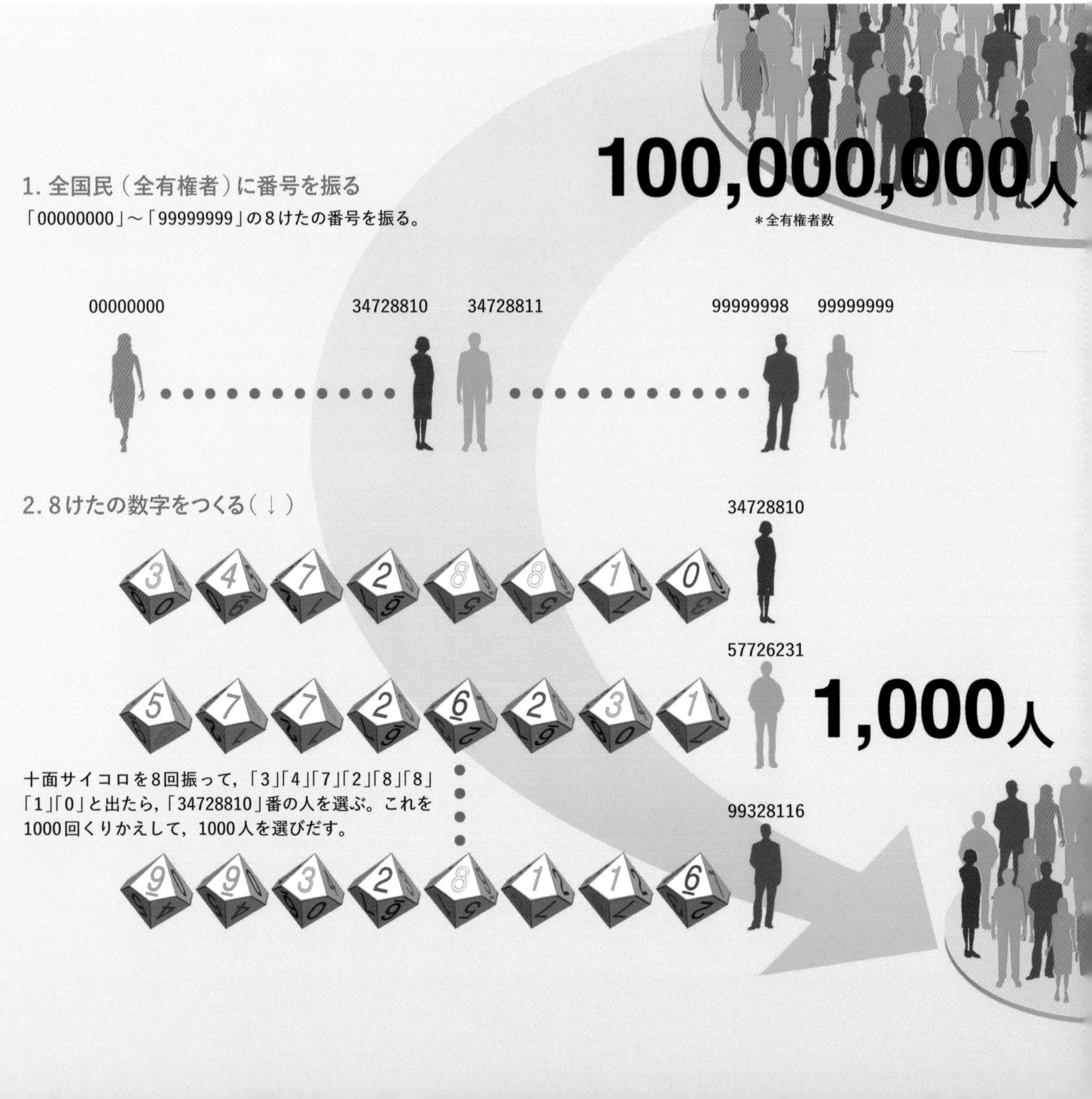

鍋全体の味のバランスは同じであるはずだ。

同じように,「男女比」や「年齢比」など，全国民とあらゆる要素の割合が同じ“ひとにぎりの回答者の集団”を選びだすことができたら，その集団の意見を聞くことで全国民の意見を推測できるのである（→次ページにつづく）。

回答者を ランダムに選ぶしくみ（↓）

全国民と“同じ”，ひとにぎりの回答者の集団を選びだすには，どうしたらいいのだろうか。理論的には全国民に（全有権者）番号を振り，0 ～ 9の数字をもつ十面サイコロを使って番号の各けたを決め，回答者を「ランダム（無作為）に選ぶ」だけだ。ただし，調査を行う一民間企業がそのようなことを行うのはむずかしいので，新聞社の世論調査などでは，電話番号を用いて回答者を選びだしている。

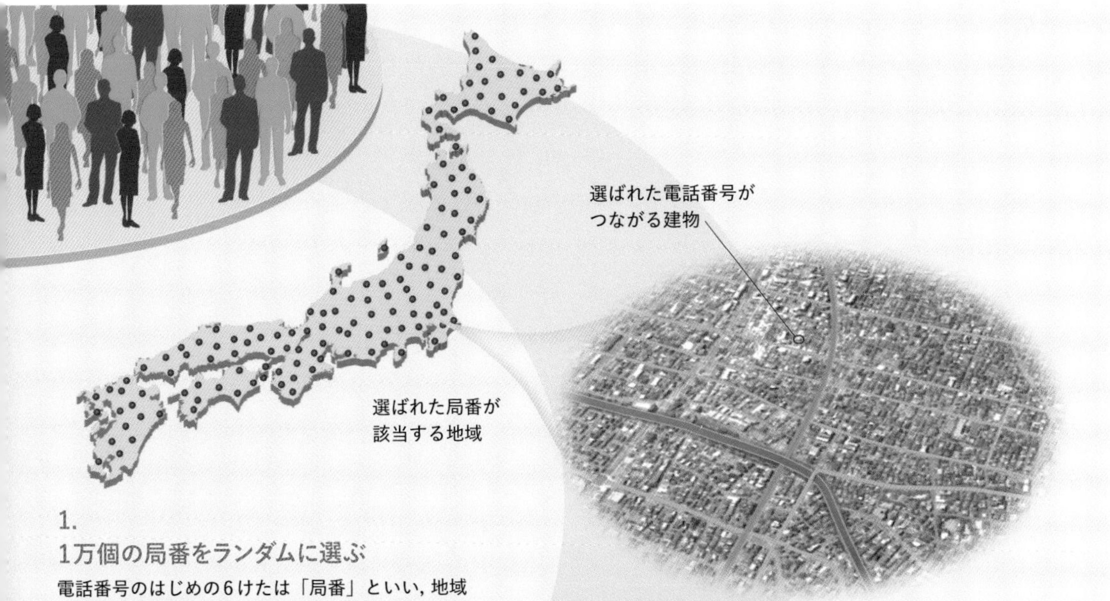

1.
1万個の局番をランダムに選ぶ

電話番号のはじめの6けたは「局番」といい，地域ごとに割り振られている。たとえば「03-5940」は，東京都23区などに使われる局番の一例だ。現在存在する有効な局番，約2万4000個の中から1万個をランダムに選ぶことで，地域を選びだす。

＊この例では，固定番号の局番を使用しているが，現在は携帯電話も含めた調査が行われている。

2.
下4けたの数字をランダムに選び，電話番号をつくる

電話番号の下4けたは，「0000」から「9999」の1万通りありうる。そのうち一つの数がランダムに選ばれ，1で選んだ局番と組み合わせて電話番号がつくられる。たとえば「245X」が選ばれると，「03-5940-245X」ができる。

3.
電話をかけ，質問を行う

2でつくった1万個の電話番号のうち，実際に使われているのは約1600件であることが知られている。これらに電話をかけ，留守の場合や調査への協力を断られる場合を除き，約1000件の協力が得られることを目標に調査を行う。

同じ時期に実施した内閣支持率などの世論調査の結果が，新聞やテレビ局によってことなることがある。いったいなぜだろうか。その理由には，調査方式のちがいや誤差（標本誤差）などが考えられる。

また，長野県立大学の田《た》村《むら》秀《しげる》教授によれば，選ばれた人が必ずしも調査に協力するとはかぎらないという。たとえば，自分が購読している新聞社の調査なら応じるが，別の新聞社の調査には応じないといった人が，いないともかぎらない。標本選びにかたよりがなくても，回答者が特定の新聞の購読層にかたより，結果的にその新聞の“色”をおびてしまう可能性は否定できないようだ。

世論調査の回答者に，かたよりがあるかどうかを見定める指標の一つが「有効回答率」である。有効回答率とは，調査の対象に選ばれた人（サンプル・サイズ）に占める，「調査に協力して有効な回答を行った人」の割

世論調査のさまざまな方式

世論調査で行われる，各方式の留意点をまとめた。ここにあげた方式のほかに，調査員が訪問して調査票を対象者にあずけ，後日回収する「訪問留置き法」などがある。なお，街頭アンケートやインターネット調査は，無作為に選ばれた人が対象ではないため，結果の解釈には注意が必要である。

訪問面接法（↑）
調査員が訪問し，直接回答を聞き取る方法。調査員に面と向かって回答するため，正直に回答しにくい場合がある。有効回答率は相対的に高い。

電話法（↓）
電話で回答を聞き取る方法。コストが安く，時間もかからない。有効回答率が相対的に低い。

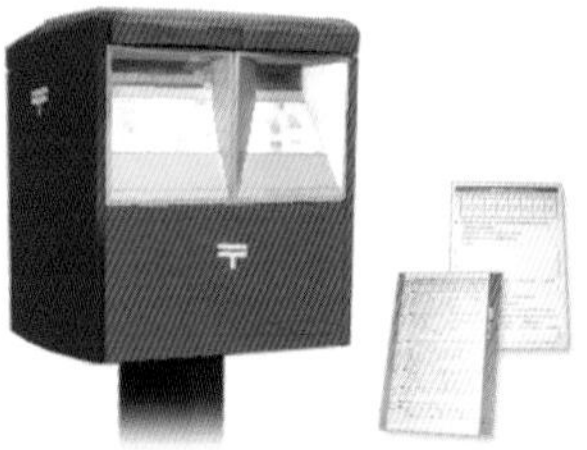

郵送法（↑）
調査票を郵送し，記入後に返送してもらう方法。コストは安いが，時間がかかる。回答者がみずから調査票に記入するため，他者の意見などに影響を受けやすい。有効回答率も相対的に低い。

世論調査とは区別すべきもの

街頭アンケート
街頭を歩く人に協力を依頼し，その場で回答してもらう方法。協力者の比率が一般に低いため，標本にかたよりがある可能性がある。また特定の時間帯，街にいる人々は，年齢層などがかたよっているおそれがある。有効回答率が示されないことも多い。

インターネット調査
ウェブ上に公開した質問に不特定の参加者が答える「公開型インターネット調査」と，あらかじめ確保した協力者（モニター）を対象にする「モニター型インターネット調査」がある。いずれも調査にみずから進んで協力する人が標本となるため，特定の層に標本がかたよる可能性がある。

合だ。つまり有効回答率が高いほど，調査を拒否した人が少ないため，回答者が特定の層にかたよっている可能性も低いと見積もれるのである。

田村教授によれば，一つの目安として**有効回答率は60％を上まわることが望ましいといわれており，少なくとも50％を切るような世論調査は，信ぴょう性が高いとはいえないという。**

近年では，世論調査の有効回答率が全体的に低下する傾向にある。その一因として，プライバシー意識の高まりがあげられる。個人情報の流出をきらって，調査を拒否する例が増加している可能性があるのだ。また詐欺《さぎ》対策として，知らない番号の電話には出ないという人がふえているともいわれている。過去に行われた世論調査と現在のそれを比較するときなどには，こうした事情も頭に入れておくと参考になるだろう。

信頼できる予測には“幅”が必要

どんなに理想的な方法で調査対象者を選んだとしても，**一定のかたよりが生じてしまうことはさけられない。**このことを理解するために，ランダムな出来事の代表例である「コイン投げ」や「サイコロ投げ」を考えてみよう。

今，表と裏が等しい確率で出るコインがある。このコインを10枚投げたとき，そのうち何枚が表を向くと予測できるだろうか。「表が5枚」というのが最善の予測のはずだが，10枚のコインを投げて，表と裏が5枚ずつ出ることは意外に少ない。確率としては約25％だ。これは，予測が当たる確率は約25％で，約75％の確率ではずれるともいえる（→次ページにつづく）。

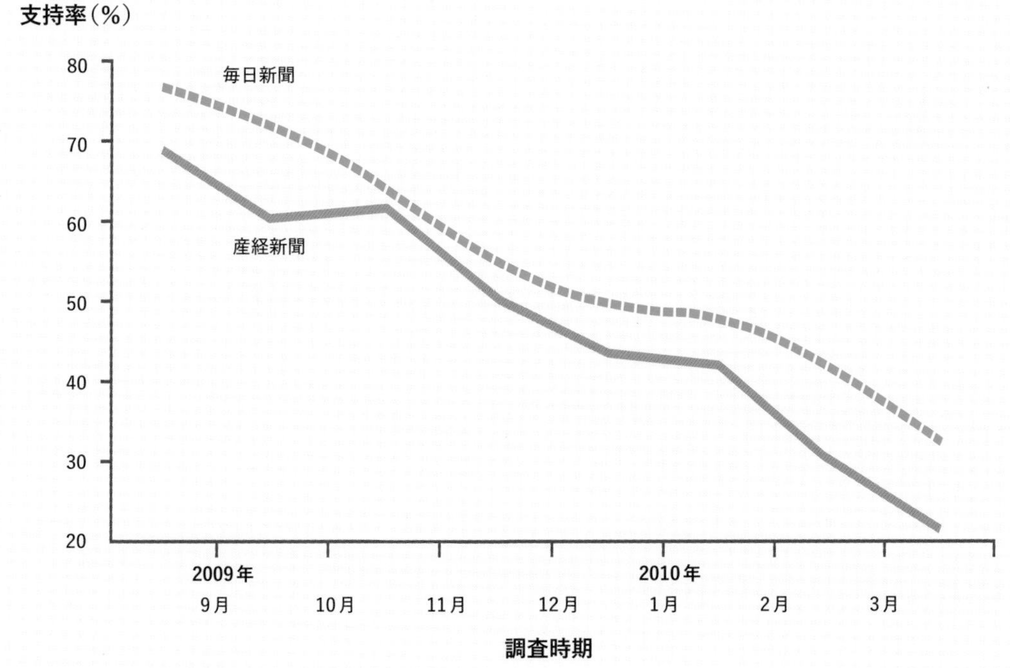

毎日新聞社と産経新聞社の「内閣支持率調査結果」

上のグラフは，藪友良『入門 実践する統計学』（東洋経済新報社）をもとに作成した。同時期に行われた調査であるにもかかわらず，調査結果はつねに産経新聞社のほうが低かった。

これに対し，表が4枚・裏が6枚（あるいは表が6枚・裏が4枚）というかたよった結果が得られる確率は，それぞれ約21％もある。さらに，10枚すべて表（あるいは10枚すべて裏）という極端にかたよった結果でさえ，それぞれ約0.1％ほどの確率でおきる。

より信頼できる予測をしたいのであれば，予測に幅をもたせればよい。たとえば「表は4枚から6枚（5枚からの誤差±1枚）」と予測すれば，約67％の確率で当たる（信頼度約67％）。さらに幅を広げて，「表は2枚から8枚（5枚からの誤差±3枚）」と予測すれば，約98％の確率で当たる（信頼度約98％）。

「信頼区間」を計算してみよう

この考え方は，世論調査（標本調査）にも，そのままあてはめることができる。つまり，**推定に幅をもたせることで，ある程度信頼できる推定を行うことが可能になるのだ。**

「先月の世論調査では31％だった内閣支持率が，今月は29％へと下落し，3割を切った」。このニュースを聞いて，内閣支持率が低下していると受け止める人もいるだろう。だが「31％」「29％」という数字をうのみにする前に，まずはこの数字にどれほどの誤差があるのかを求めてみよう。

誤差（標本誤差）は，次のような式で求める。有効回答数をn，得られた値（内閣支持率）をp，信頼度は95％※とする。

$$= \pm 1.96 \times \sqrt{\frac{p(1-p)}{n}}$$

pに29％＝0.29，nに1500をあてはめると，標本誤差は±2.30％となる。これは，「本当の内閣支持率は，29％±2.30％（26.70％～31.30％）の範囲にある」ことが，95％の確率で信頼できることを意味する。

こうして推定された範囲（26.70％～31.30％）を，「信頼区間」とよぶ。つまり「29％」と「31％」はどちらも信頼区間の中にあり，その差は誤差の範囲とみなせる。したがって，この世論調査にみられる1か月の内閣支持率の変化は，「ほぼ横ばい」と解釈したほうが無難なのである。

このように，誤差と信頼区間を求めることで，私たちは世論調査の結果を冷静に評価できるようになる。

※：この数式は，正規分布の性質をあらわしたものである。なお，“1.96”は

誤差がわかればデータに信頼が生まれる（→）

世論調査などの標本調査において，誤差を知ることが重要である理由をまとめた。誤差の大きさを知ってはじめて，標本調査のデータをもとに，信頼度の高い推定を行うことができるようになる。

1. “赤い人”は全体の何％を占める？

全体（母集団）の中で「ある意見をもつ人」（図では赤い人）の占める比率を知りたいとす

母集団（1万人をこえる）

信頼度90％

標本誤差
$\pm 1.65 \times \sqrt{\frac{0.4(1-0.4)}{2000}}$
$\fallingdotseq \pm 0.018$
……±1.8％

信頼度95％

標本誤差
$\pm 1.96 \times \sqrt{\frac{0.4(1-0.4)}{2000}}$
$\fallingdotseq \pm 0.021$
……±2.1％

信頼度99％

標本誤差
$\pm 2.58 \times \sqrt{\frac{0.4(1-0.4)}{2000}}$
$= \pm 0.028$
……±2.8％

信頼度に応じてことなる。もし信頼度を90%にしたいなら1.65，信頼度99%なら2.58となる。統計では通常，信頼度95%（1.96）を用いることが多い。

る。すべての人に聞くことが困難なとき，無作為に選んだ標本を調べ，そのデータから推定するのが「標本調査」である。

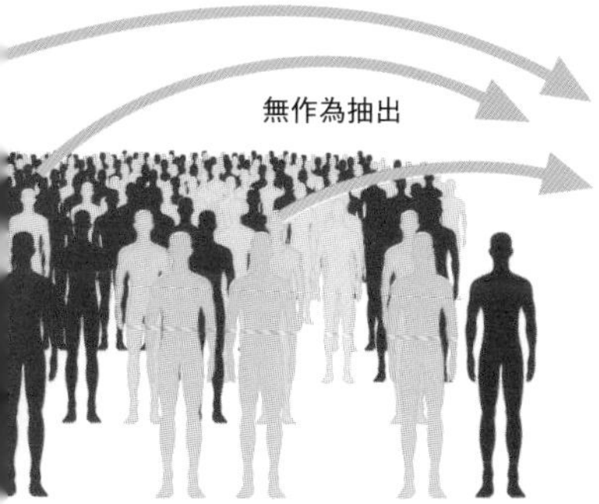

（↓）2. ピンポイントの推定は信頼しにくい

標本調査で得たデータを，そのまま母集団の値とみなす推定を「点推定（てんすいてい）」という。だが，標本にはばらつきがあるため，点推定はどれほど信頼していいかが判断できない。

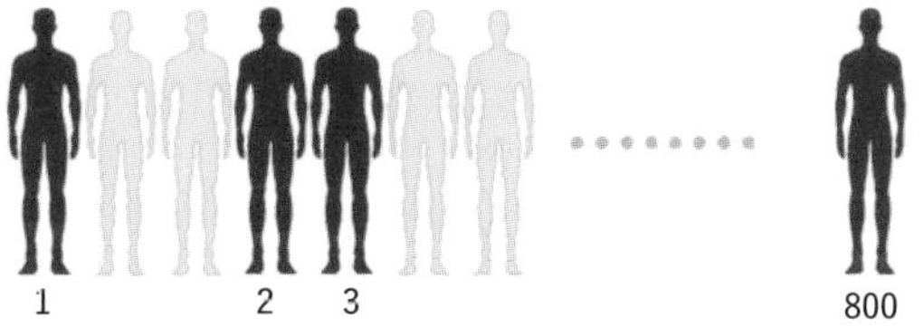

サンプル・サイズ2000の標本調査から推定する
標本調査の結果は，800 ÷ 2000 = 40 %。この「40 %」を母集団の値とみなす推定が，点推定。

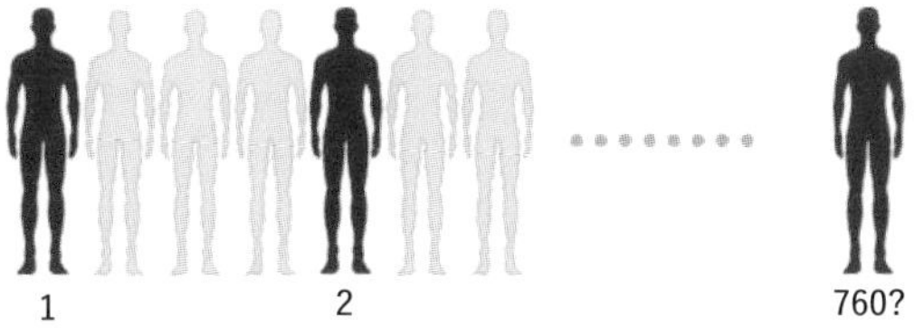

標本をもう一度取りなおすと？
標本には必ずばらつきがある。別の標本でも「40 %」という値が得られる保証はない。

（←）3. 標本誤差と推定の信頼度

標本誤差の大きさを求めれば，信頼度の高い推定ができる。標本誤差は，正規分布曲線の性質から求める。**1**の例では，「母集団における比率は40 % ± 2.1 %の間」と推定すれば，その信頼度は95 %となる。推定の幅（信頼区間）は，信頼度によってことなる※。

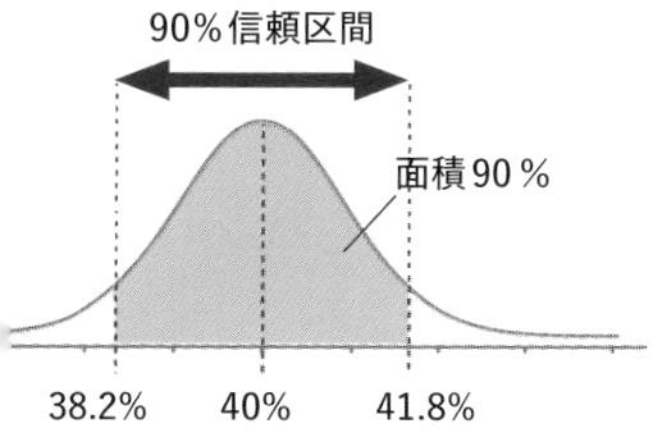

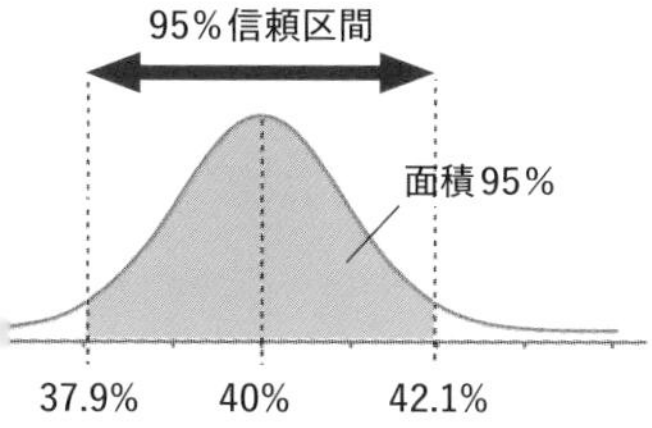

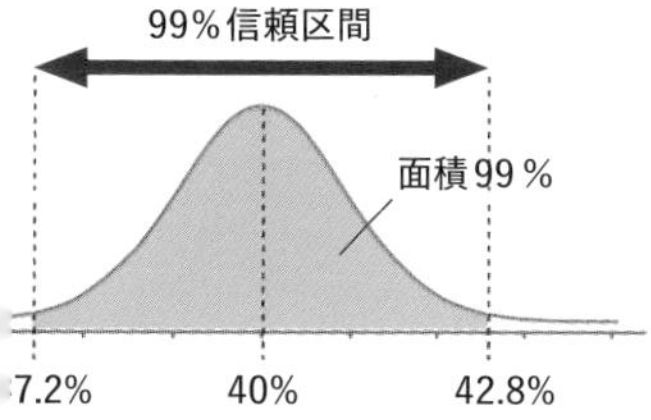

※：標本誤差の計算式において，信頼度90%の1.65という数字は標準正規分布における上側5%点，信頼度95%の1.96という数字は標準正規分布における上側2.5%点，信頼度99%の2.58という数字は標準正規分布における上側0.5%点である（→204ページの表）。

視聴率ランキングには“落とし穴”がある？

「視聴率」（世帯視聴率）とは，あるテレビ番組を，その地区の何パーセントの世帯が見ていたかを推定した値である。この「視聴率調査」も，世論調査と同じく標本調査の一例である。ちなみに，現在国内でテレビの視聴率調査を実施している会社は，ビデオリサーチ社のみである。

たとえば，ビデオリサーチ社が行う視聴率調査の，名古屋地区における調査世帯数（サンプル・サイズ）は600世帯である。データは自動回収されるため，600世帯すべてを有効回答者と

A. 視聴率調査における調査世帯数（サンプル・サイズ）

地区	関東	関西	名古屋	北部九州，札幌	仙台，広島，静岡，長野，福島，新潟，岡山/香川，熊本，鹿児島，長崎，金沢，山形，岩手，鳥取/島根，愛媛，富山，山口，秋田，青森，大分，沖縄，高知，宮崎，山梨，福井，佐賀，徳島
世帯数	2700	1200	600	400	200

B. 標本誤差の早見表（信頼度95％の場合）

n \ *p*	10% または 90%	20% または 80%	30% または 70%	40% または 60%	50%
2700	± 1.1%	± 1.5%	± 1.7%	± 1.8%	± 1.9%
2500	± 1.2%	± 1.6%	± 1.8%	± 1.9%	± 2.0%
2000	± 1.3%	± 1.8%	± 2.0%	± 2.1%	± 2.2%
1500	± 1.5%	± 2.0%	± 2.3%	± 2.5%	± 2.5%
1200	± 1.7%	± 2.3%	± 2.6%	± 2.8%	± 2.8%
1000	± 1.9%	± 2.5%	± 2.8%	± 3.0%	± 3.1%
600	± 2.4%	± 3.2%	± 3.7%	± 3.9%	± 4.0%
500	± 2.6%	± 3.5%	± 4.0%	± 4.3%	± 4.4%
400	± 2.9%	± 3.9%	± 4.5%	± 4.8%	± 4.9%
200	± 4.2%	± 5.5%	± 6.4%	± 6.8%	± 6.9%
100	± 5.9%	± 7.8%	± 9.0%	± 9.6%	± 9.8%

世論調査の結果や視聴率を伝える報道には，有効回答数は示されているが，誤差は示されていないことがある。その際，自分で誤差を見積もるうえで役立つのがBの表である。nは有効回答数（視聴率調査の場合はサンプル・サイズ），pは調査結果の値（視聴率）だ。

して，信頼度95%における標本誤差の大きさを調べてみよう。

前節で紹介した数式で計算してもいいが，左下の早見表を使えば簡単だ。この表から，nが600のときには，誤差は最大で±4.0%になることがわかる（視聴率50%のとき）。視聴率20%（または80%）のときは，誤差は±3.2%となる。つまり，20%前後の視聴率には，3%前後の誤差が必ずあるのだ。ビデオリサーチ社のホームページには，視聴率がこうした誤差をともなうことが明記されている。

前節で紹介した田村《たむら》教授によれば，二つの番組の視聴率の差が誤差の範囲なら，ほぼ同等とみなしたほうが賢明だという。ましてや**0.1%きざみで優劣をつけることに，統計上の意味はほとんどないらしい**（→次ページにつづく）。

さて，調査自体の精度を上げる（誤差を減らす）には，サンプル・サイズをふやせばよい。では，具体的にどれだけふやせばよいだろうか。ここで，誤差を求める数式をもう一度みてみよう。

$$= \pm 1.96 \times \sqrt{\frac{p(1-p)}{n}}$$

この式で，nの値を大きくしていくと，$\sqrt{\ }$の中の値は小さくなっていくので，誤差は小さくなっていくことがわかる。だが$\sqrt{\ }$があるために，サンプル・サイズを100倍にふやしても，誤差は10分の1（精度は10倍）にしかならない。**サンプル・サイズをふやせばその分だけ調査のコストが増加するが，その割には精度はさほど向上しないのだ。**

世論調査についても，まったく同じことがいえる。有効回答数が2000の世論調査なら，標本誤差は最大で±2.2％である。この誤差を10分の1（精度を10倍）にしようとすると，サンプル・サイズを100倍の20万にまでふやさなければならず，現実的ではない。2％程度の誤

誤差を10分の1におさめるには
100倍のサンプルが必要（→）

サンプル・サイズをふやせばふやすほど誤差の幅は小さくなるが，誤差の幅を10分の1にするには，100倍のサイズのサンプルを調べる必要がある。

実際に行われている
調査世帯数

私たちは「先週の視聴率ランキング」などとして，視聴率でテレビ番組が順位づけされた一覧を目にすることがある。こうした内容も，誤差の範囲を知れば，より冷静に見ることが可能になるのである（上のイラストは，テレビ番組のイメージ）。

調査世帯を100倍に
ふやした場合

差があることを忘れさえしなければ，有効回答数が2000の世論調査には，十分に意味がある。

誤差のない調査などない

一定の誤差がともなうのは，実は世論調査にかぎった話ではない。工業製品の品質検査，気温の測定，新薬の臨床《りんしょう》試験結果など，全体（母集団《ぼしゅうだん》）から一部の標本を取りだすときには必ず誤差がともなう。どんな調査やどんな測定も，誤差の大きさを正しく把握しないかぎり，得られたデータの意味を正しく読み取ることはできないのだ。

田村《たむら》教授は，世論調査を見るときには，複数の新聞やテレビ局の調査結果を見くらべるようすすめている。「一つの数字だけ」，あるいは「一つの結果だけ」を信じこんでしまうのは危険だ。数字の背後にある誤差を見きわめ，複数の調査を見くらべようとする姿勢こそが，数字やデータに振りまわされないための第一歩なのだ。

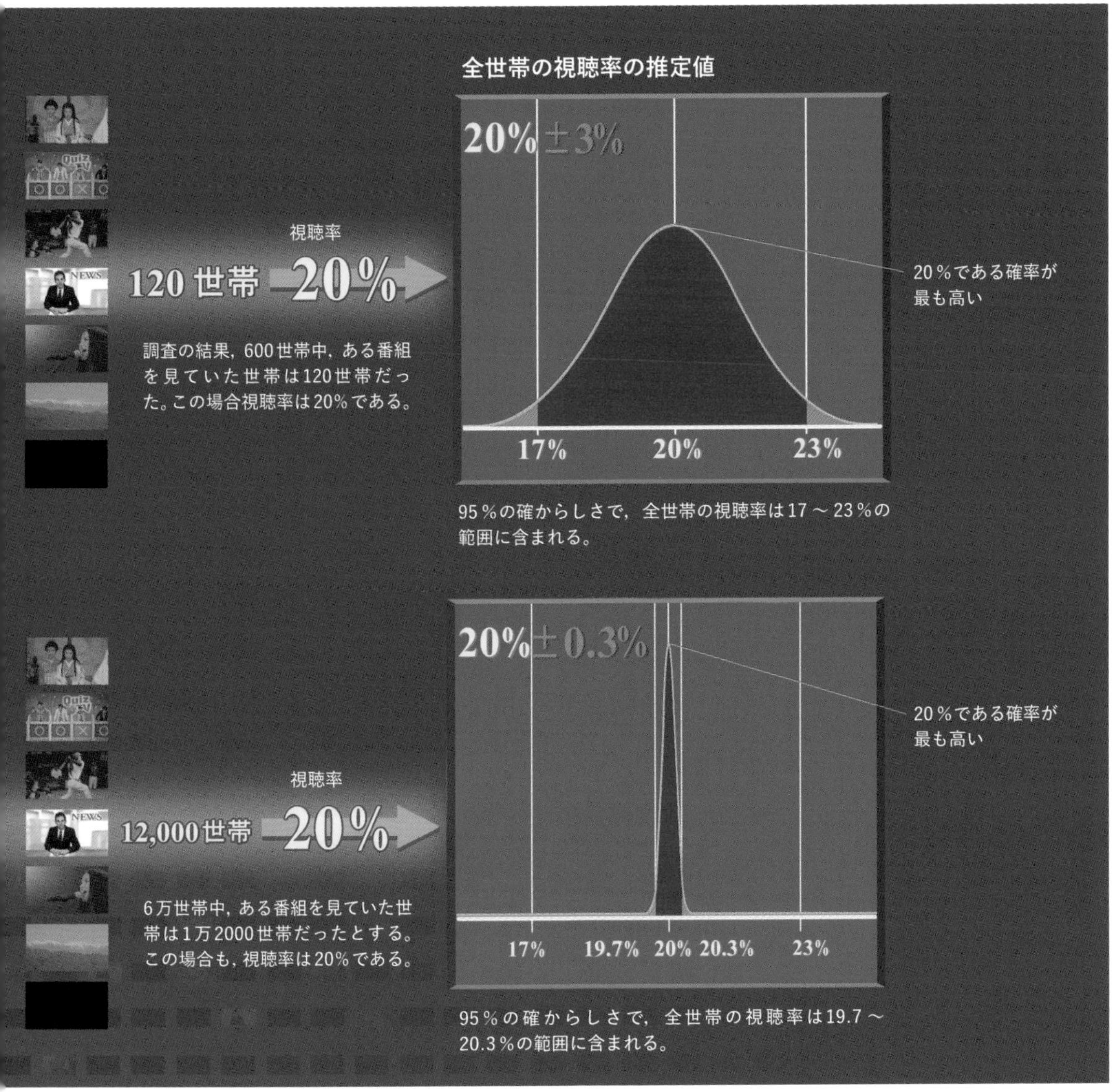

日本にコンビニは何店舗ある？「フェルミ推定」

あなたは，日本にコンビニエンスストアが何店舗あるかご存じだろうか。このように，すぐには答えがわからない問題でも，自分がもっている知識や情報をもとに簡単な仮説を立てながら推定していくことで，おおまかな数を見積もることができる。このような推定方法を「フェルミ推定」という。

フェルミ推定という名前は，イタリア生まれの物理学者，エンリコ・フェルミ（1901～1954）がこの推定方法を得意としていたことにちなむ。

たとえばコンビニエンスストアの軒数を推定する場合，「都市部ではだいたい何キロメートル四方に1軒ありそうか」「都市部と地方では，軒数に何倍程度の差がありそうか」「日本における都市部と地方の面積比はどれくらいか」「日本の総面積はいくらか」などといったように，何段階かに分けて考えていく（くわしくは右ページ）。

ビジネスでも活躍するフェルミ推定

フェルミ推定は，ビジネスの現場でも多用されている。たとえば新製品や新サービスを開発する際，いったいどれくらいの顧客がいるのかを把握しなければならない。とはいえ，厳密に調査するには，莫大な費用や時間がかかってしまう。そこで，フェルミ推定を用いて，手がかりになりそうなデータや知識，情報をもとに論理的に推定することで，低コストかつ短時間で顧客数や市場規模などを見積もるのである。

フェルミ推定は，自分がもっている知識や情報をもとに推定していくことで，一見取りつく島がないと思えるような問題であっても，おおまかな答えをみちびくことができる“優秀なツール”だ。一方で，フェルミ推定はおおまかな数を見積もる方法であって，正確な答えを得るための方法ではない。そのため，当然のことながら誤差が生じる。

一般に誤差は，上にぶれる場合と下にぶれる場合がある。何段階かに分けて考えていくフェルミ推定では，各ステップの誤差が最終的には相殺《そうさい》されてしまうこともあるのだ。この点が，フェルミ推定の興味深いところである。

①

都市部では，だいたい何平方キロメートルに1軒ありそうか

都市部だと，駅から数百メートルの範囲にコンビニエンスストアが4～5軒あることも少なくない。ただし，駅から離れると軒数は減っていく。それらを平均して，都市部では「1平方キロメートルに1軒」だとする。

②

都市部と地方では，軒数に何倍程度の差がありそうか

地方では，各駅の前にコンビニエンスストアが1軒だけある，あるいは小さな駅の周辺にはなく，比較的大きな駅の前に1軒だけコンビニエンスストアがあるということも少なくないだろう。ここでは，平均して「都市部の10分の1」だとする。

③

日本における都市部と地方の面積比は，どれくらいか

日本は平地が少なく，山地が面積の約75％を占めるといわれている※。都市部は基本的に平地につくられ，25％の平地のうち約半分程度の面積が都市部とすると，都市部と地方の面積比は「都市部：地方＝1：9」程度だと見積もられる。

※：国土地理院『1. 地形分類 2. 自然地域の名称』（https://www.gsi.go.jp/atlas/archive/j-atlas-d_2j_02.pdf）

④

日本の総面積はいくらか

ここは，とくに知識が必要だ。あなたの住む都道府県の大きさをもとに，推定してみるのもよいだろう。たとえば，テレビ番組で「北海道の面積は約8万平方キロメートルである」と紹介されていたこと，そして「北海道を本州の上に重ねると，東京から大阪くらいまでをおおう」ことを覚えていた場合，その割合から「日本の面積は北海道五つ分ぐらい」だと推定し，約40万平方キロメートルだとする。ちなみに，日本の実際の総面積は約37万8000平方キロメートルだ。

⑤

計算する

①～④を合わせて考えると，計算結果は以下のようになる。

$$(1 \times 0.1 + 0.1 \times 0.9) \times 400000 = \text{7万6000店}$$

- 1：都市部での1平方キロメートルあたりのコンビニの軒数
- 0.1：日本における都市部の割合
- 0.1：地方での1平方キロメートルあたりのコンビニの軒数
- 0.9：日本における地方の割合
- 400000：日本の面積（平方キロメートル）

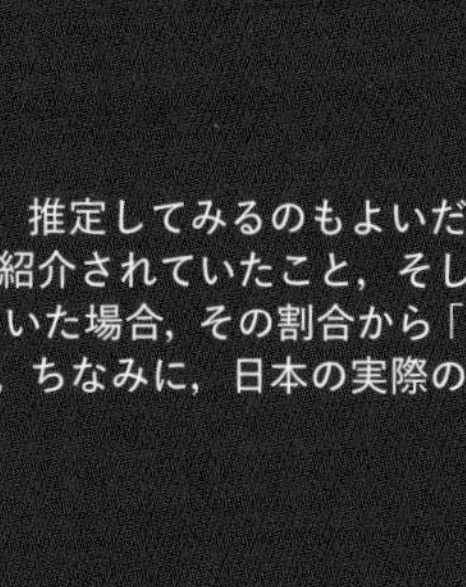

以上から，日本のコンビニエンスストアの店舗数は「7万6000店」と見積もれた。さまざまな統計によると，日本には約5万店ほどのコンビニエンスストアがあるようだ。フェルミ推定では，実際の値の0.2～5倍の間におさまっていればよい推定だとされているので，この推定は比較的よい推定だといえる。

未成年飲酒の経験を正直に答えてもらうには？

今，10代で飲酒したことがある人がどれくらいいるのかを調査したい。調査を行う人は，未成年飲酒の経験者の割合が知りたいだけで，それがだれかを特定したいわけではない。しかし回答者の中には，うしろめたい気持ちから正直に答えたくないと感じる人も少なくないだろう（結果として，不正確な調査になってしまうおそれがある）。

このようなとき，**「回答のランダム化」という方法を使うと，だれが未成年飲酒の経験者かを秘密にしたまま，割合だけを調べることができる。**

まず回答者たちに，質問者には見えないようにして，それぞれコイン投げをしてもらう。そして，質問者は回答者全員に次のように告げる。

「出たコインが『表』だった人は『はい』と答えてください。出たコインが『裏』だった人は

未成年飲酒をしたことがある人は，「未成年飲酒をしたことがない」とウソをつく可能性がある。そのため，調査結果が示す未成年の飲酒率は，実際の未成年の飲酒率よりも低くなるおそれがある。

『未成年飲酒をしたことがありますか』という質問に『はい』か『いいえ』で答えてください」

この場合,「はい」と答えた人たちが，コインが表なので「はい」と答えたのか，それとも未成年飲酒をしたことがあるから「はい」と答えたのか,質問者からは区別がつかない。このことを理解している回答者は，未成年飲酒をしたことがある場合に，正直に「はい」と答えやすくなると期待できる。

質問者は回答を集計したあと，次のようにして，未成年飲酒の経験者の割合をみちびくことができる。今，300人の回答者のうち，200人が「はい」と答えたとしよう。コイン投げの結果，**表が出る確率は2分の1なので，300人中150人は，コインが表だったために「はい」と答えたと推定できる。**ここで,「はい」という回答から150人分を引けば,「未成年飲酒をしたことがあるか」という質問に答えた人の割合がわかる。

この質問に「はい」と答えた人は50人,「いいえ」と答えた人は100人なので，約33%が未成年飲酒をしたことがあると推定できる。

質問者からみて,「はい」と答えた人たちのうち，だれが未成年飲酒をしたことがあるのかはわからない。そのため，未成年飲酒をしたことがある回答者は「正直に答えても大丈夫だ」と考え，素直に答える可能性が高くなる。

オバマ大統領候補への寄付金増を実現した方法

── 大統領候補のウェブサイトをどのようなデザインにしたら，寄付金やボランティアがふえるだろうか。

2008年のアメリカ大統領選挙戦の際，バラク・オバマ大統領候補のウェブサイトのデザインをまかされていたダン・シロカー氏は，この問題を解決するために次のような実験を行った。

まず，ウェブサイトの画像・動画を6通り，メールアドレスの登録ボタンを4通り用意した。そしてこれらの要素を組み合わせ，24通りのデザインのウェブサイトをつくりあげた。

次に，人々がウェブサイトを訪れると，24通りのデザインがランダムに表示されるようにした。そして，デザインのちがいによって，メールアドレスの登録率がどのように変化するのかを調べた。これはメールアドレスの登録が多いほど，寄付金やボランティアもふえると期待できるためだ（後日，寄付金やボランティアのよびかけをメールで行うため）。

このような「ランダム化比較試験（RCT：Randomized Controlled Trial）」を一定期間行ったところ，**デザインや文言のちがいによって，人々の行動がおどろくほど変化することがわかったという。**

なお，ランダム化比較試験は「A/Bテスト」ともよばれている。

ランダム化比較試験（→）

シロカー氏の実験では，ウェブサイト内の文言や画像をかえて，複数のデザインをランダムに表示した。すると，たとえばAのようなデザインにくらべ，Bのようなデザインのほうが，閲覧者のメールアドレス登録率が高かった。

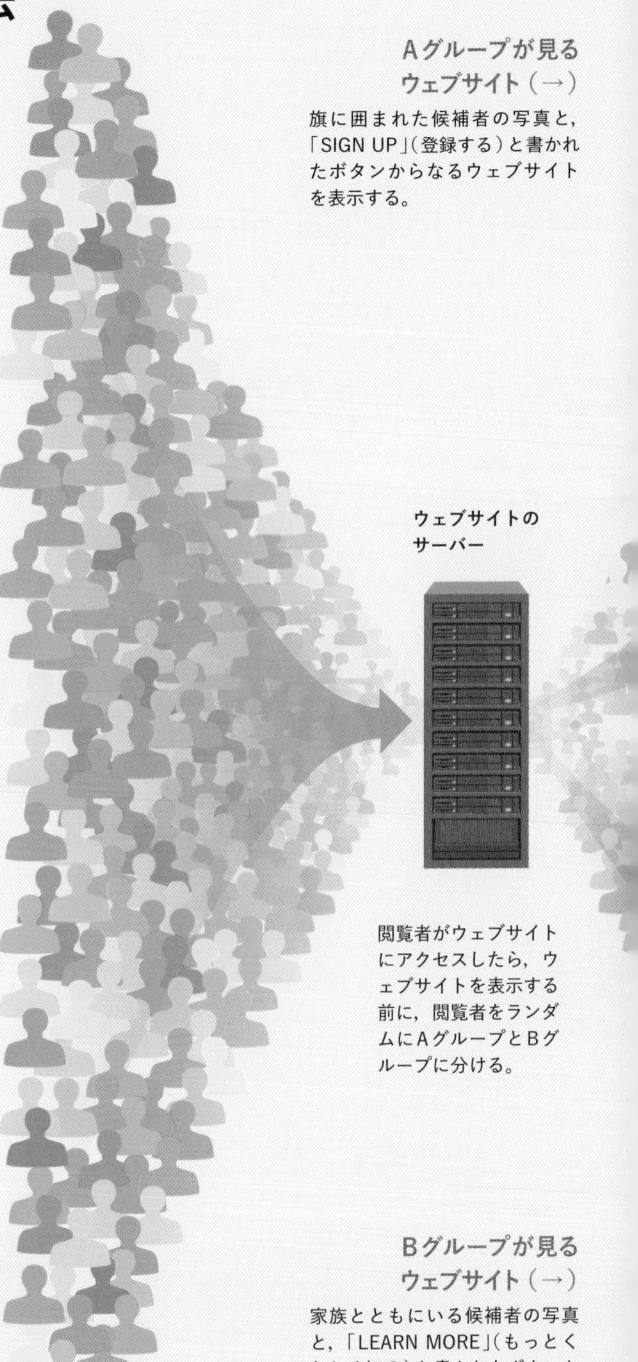

Aグループが見るウェブサイト（→）

旗に囲まれた候補者の写真と，「SIGN UP」（登録する）と書かれたボタンからなるウェブサイトを表示する。

閲覧者がウェブサイトにアクセスしたら，ウェブサイトを表示する前に，閲覧者をランダムにAグループとBグループに分ける。

Bグループが見るウェブサイト（→）

家族とともにいる候補者の写真と，「LEARN MORE」（もっとくわしく知る）と書かれたボタンからなるウェブサイトを表示する。

Bグループの閲覧者は，Aグループの閲覧者にくらべ，メールアドレスの登録者数が40％も多かった。その結果，寄付金6000万ドルの増加，28万人のボランティアの増加につながったと推測されている。

＊本節のウェブサイトの画像は，実際に使われたものとはことなる。

活用分野が広がる ランダム化比較試験

ランダム化比較試験はこれまで，医療分野で信頼性の高い実験手法として認知され，新薬の効果を調べる臨床《りんしょう》試験などで使われてきた。しかし近年では，**ビジネスをはじめさまざまな領域においてもさかんに用いられている。**

たとえば，アメリカのクレジットカード会社キャピタル・ワン・ファイナンシャル（Capital One Financial Corporation）は，カードの解約希望者に対し，ある人には「3か月間，利率を5%引き下げます」と伝え，ある人には「6か月間，利率を2%引き下げます」と伝えた。

申し出の内容をランダムにかえて，前者のグループと後者のグループで引き留めに成功する割合を調べれば，より効果的な引き留め策がわかるというわけだ。ちなみに同社は，1年間に2万8000件ものランダム化比較試験を行ったという。

その貧困政策に効果はあるのか

またメキシコでは，政策の決定にランダム化比較試験が活用され，大成功をおさめた例がある。メキシコの貧困家庭では，子どもが貴重な労働力になっているため，就学率が低いという問題があった。そこで1997年，「子どもに健康診断を受けさせ，学校に通わせることを条件にお金を給付する」という貧困政策（プログレッサ政策）が立案された。しかし，この政策を全国規模で実施するには莫大な費用がかかる。効果があるかを懸念する意見もあった。

実験（ランダム化比較試験）では，貧しい村を選び，ランダムに分け，給付を受ける村と受けない村で差が出るかを比較した。すると，政策が実施された村では，実施されていない村にくらべ，子どもたちの身長が平均1センチメートルのびたり，健康状態が改善したり，就学率が上がったりするなど，めざましい改善がみられたという。この結果をもとに，プログレッサ政策は全国規模で実施されることが決定された。

ランダム化比較試験は不公平？

一部の患者だけに新薬を投与したり，一部の村だけに貧困政策を実施したりするのは，比較対象とされた患者や村の立場で考えると，不公平に思えるかもしれない。たしかに，いち早くその恩恵を受けていた地域は，ほかの地域よりも得をした

ことになるだろう。しかし，それは実験によって新薬や政策に効果があることがわかった場合だ。効果がなかったり，予想外の悪い影響や副作用が生じたりする場合もある。つまり“一部”の患者や村は，そのリスクを負っているともいえるのである。

また，プログレッサ政策のように，ある国で大きな効果があるとわかった政策はほかの国でも成功しそうに思える。**しかしランダム化比較試験の結果が信頼できるのは，実験が行われたのと同じ環境に限られる。** 実際，プログレッサ政策と同様の政策を導入して，効果が出なかった国もあったという。ことなる環境では，あらためて実験を行うことが重要なのだ。

アメリカ，マサチューセッツ工科大学内に設置された「アブドゥル・ラティフ・ジャミール貧困アクションラボ（J-PAL）」は，世界でランダム化比較試験の実施や政策形成を推進している。

このラボを立ち上げたアビジット・バナジー氏（右）とエスター・デュフロ氏（中）は，ハーバード大学のマイケル・クレマー氏（左）とともに2019年のノーベル経済学賞（アルフレッド・ノーベル記念経済学スウェーデン国立銀行賞）を受賞している。受賞理由は，世界の貧困を緩和するための実験的アプローチへの貢献である。

新薬は十分な効果をもつのだろうか

新薬の開発（試験）では，まず患者の同意を得て，患者をランダムに二つのグループに分ける。一方には新薬を，もう一方には効果のない偽薬《ぎやく》を投与し，二つのグループの経過を比較する（ランダム化比較試験）。その結果，偽薬を投与されたグループよりも，新薬を投与されたグループのほうが，症状が改善したとしよう。ここで「新薬は効く」と早合点《はやがてん》してはいけない。新薬の試験では万全を期すため，もう一つの“疑問に答える”必要がある。それは**「新薬と偽薬に効果の差はなく，試験であらわれた差は『偶然の結果』ではないだろうか」**というものだ※。

では，新薬に効果がないにもかかわらず，偽薬の試験結果と新薬のそれで差が偶然生じる確率はどれくらいなのだろうか。このようなときに活躍するのが「仮説検定《かせつけんてい》」である。仮説検定で

新薬の試験の流れ

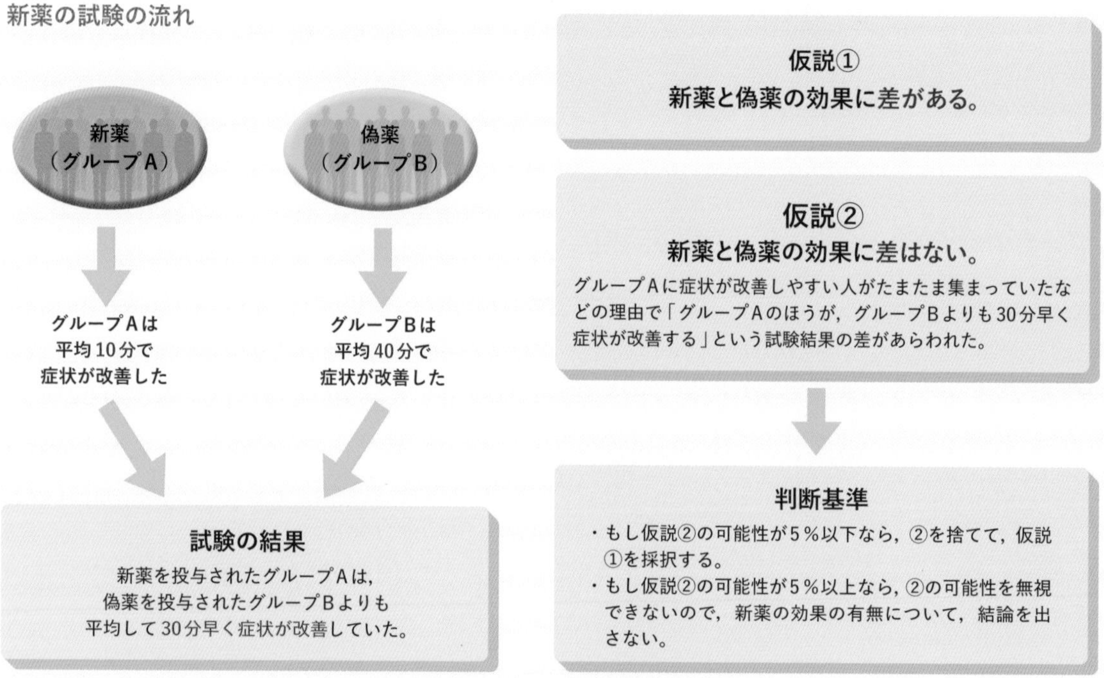

1.
頭痛薬の新薬と偽薬を100人の患者グループA，Bに投与する。
ランダムに振り分けられたグループAの患者（100人）には新薬を，グループBの患者（100人）には偽薬を，それぞれ投与する。試験の結果，AはBよりも症状が改善するのが30分早かった（＝両者の差は「マイナス30分」）ことがわかったとする。

2.
なぜ1の試験で結果に差が生じたのか，仮説を立てる。
1において，試験結果に差が生じた理由は二つ考えられる。一つは「新薬と偽薬の効果に，実際に差がある」（仮説①），もう一つは「新薬と偽薬の効果に差はないが，結果にたまたま差が生じた」（仮説②）。もし②の可能性が十分低いとわかれば，①が正しい可能性が高いと判断できる。これを「仮説①を採択する」という。また，②がおきる確率が無視できないほど高いなら，①も②もおきうることになるので，この試験から結論を出すことはできない。

は，正規分布の性質を用いて確率を計算する。みちびかれた確率が非常に小さいなら，差は偶然生じたと考えにくいので,「新薬には効果がある可能性が高い」と評価する。

では，どれくらいの確率なら「偶然ではない」と考えてよいのだろうか。この基準は数学的に決めることができないので，新薬を評価する当事者が決める必要がある。新薬の試験では「5%以下」を用いることが多いが，「1%以下」というよりきびしい基準を用いることもある。

仮説検定で重要なのは，**どんなに基準をきびしくしても「新薬に効果がある」と断定することはできないということだ。**たとえば「5%以下」を基準にした新薬試験で，「95%の確率で新薬に効果がある」という結論に至ったなら，それは「5%以下の確率だが，新薬に効果がない可能性がある」ということでもあるためだ。

※：どんな薬でも，その効果のあらわれ方は人によってことなる。また偽薬であっても，投与後に症状が改善または悪化する場合もある。そのため，もし新薬と偽薬の効果が同じだった（=効果がなかった）としても，グループの中に，症状が改善する人がたまたま多く含まれていたなどの理由から，新薬と偽薬で結果に差が出てしまうことがある。

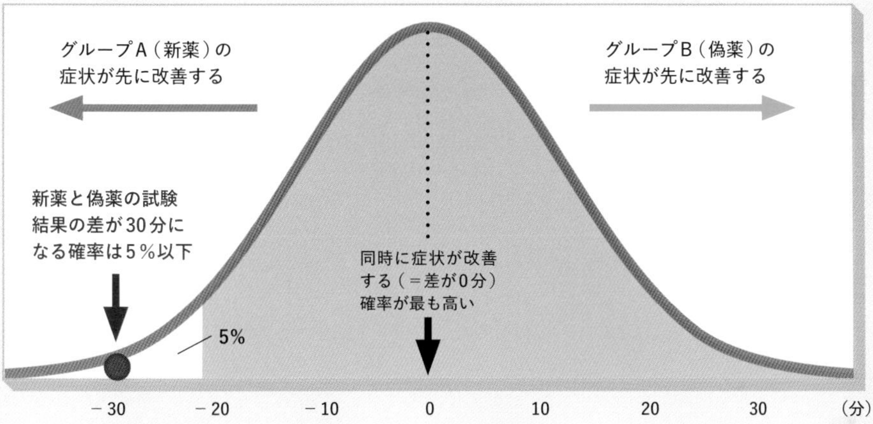

新薬と偽薬の効果に差がないとき，試験結果の差が30分になる可能性は5%以下。
仮説②の可能性は5%以下なので，②は棄却され，仮説①が採択された。

3.
仮説②が正しく，新薬と偽薬の効果に差がないと仮定する。このとき，二つの薬で症状が改善するまでにかかる時間の差を確率分布であらわし，「30分の差」が生じる確率を調べる。

「新薬と偽薬の効果に差はない」（仮説②）と仮定したとき，グループのちがいによって，新薬と偽薬の試験結果に差が生じる確率の分布をあらわした※。このグラフは0地点の真上にグラフの頂点があるため，新薬と偽薬の試験結果に差が生じない場合が，最もおきやすいことを意味する。また，横軸上を0地点から左右に離れるほど，試験結果に生じる差が大きいことを意味している。

この分布で，1の「新薬のほうが偽薬よりも30分早く効く（マイナス30分）」確率を求めると，5%以下であることが判明した。これにより仮説②は棄却され，試験結果の差には意味があると評価された。

※：母集団の分散がわからない場合，正規分布ではなく，上図のような「*t*分布」を用いる。*t*分布は，数学的にみちびきだすことができる。

何がワインの価値を決めるのか

ワインの価格は「ワインの味」で決まる。味は，ワインが生産された年によって大きくことなるうえに，時間がたつにつれ変化していく。そのため，できたてはおいしくないワインでも，10年後にはおいしくなり，価値が上がる可能性がある。

これまで，できたてのワインを買うときは，試飲した評論家の意見を参考にするしかなく，その予測ははずれることも多かった。そこで，ワイン愛好家にして経済学者のオーリー・アッシェンフェルター教授は，統計的方法を駆使して，将来のワインの価値の予測に挑戦した。

教授は，まずワインに関係する要素をいくつも調べ，価格に大きな影響をあたえる四つの要素を発見した。それは，原料で

ワインの価格を決める四つの要素

下の四つの散布図は，アッシェンフェルター教授が見つけた，ワインの価格を決める四つの要素と，ワインの価格の関係をあらわしたグラフである。横軸にはそれぞれの要素を置いており，縦軸はワインの値段をあらわす指標で，グラフの上ほど高額であることを意味する。たとえばCでは，夏の気温が高いほど，その年のワインの価格が高くなる傾向があることがわかる。

＊散布図，方程式は，http://www.liquidasset.com/orley.htmをもとに作成した。

A.「収穫前年の10～3月の雨の量」と価格

ブドウを収穫する前年の冬の降雨量が多いほど，ワインの価格は高くなる傾向がある（正の相関）。

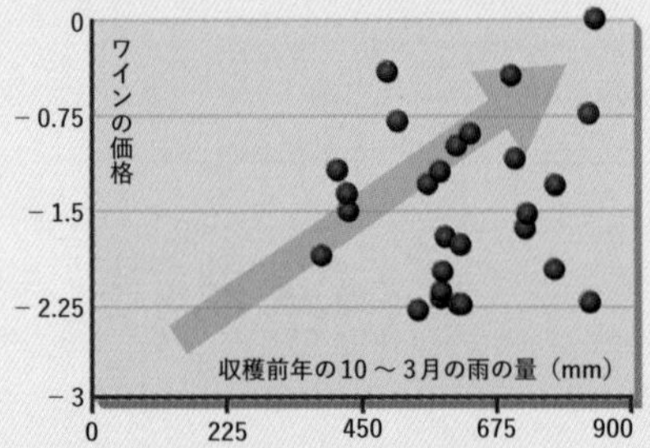

B.「8～9月の雨の量」と価格

ブドウが育った夏の降雨量が多いほど，ワインの価格は低くなる傾向がある（負の相関）。

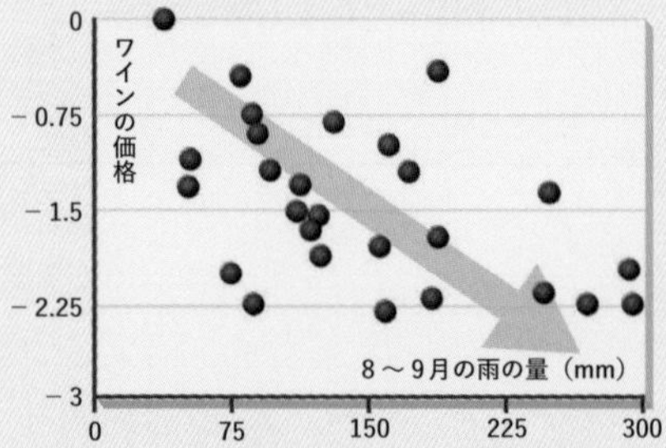

C.「4～9月の平均気温」と価格

ブドウが育った夏の気温が高いほど，ワインの価格は高くなる傾向がある（正の相関）。

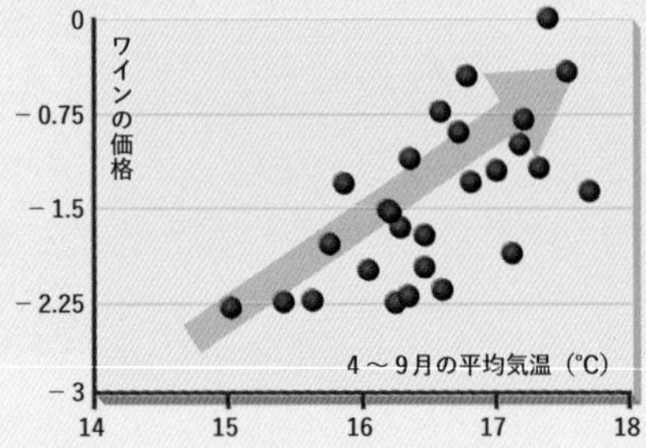

D.「ワインの年齢」と価格

ワインがつくられてから長期間保存されているほど，価格が上昇する傾向がある（正の相関）。

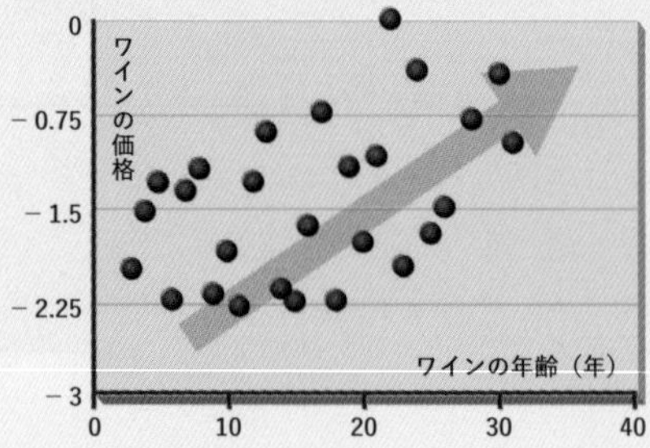

あるブドウがつくられた年の「4～9月の平均気温」と「8～9月の雨の量」，そして「収穫前年の10～3月の雨の量」と「ワインの年齢（製造後の経過年数）」である。

これらの要素（量）を横軸に，ワインの価格を縦軸にとり，各データを配置すると，左ページ下のような散布図《さんぷず》ができる。たとえばAでは，ブドウを収穫する前年の冬に雨の量が多いほど，ワインの価格が高くなっている。逆にBでは，ブドウを収穫する年の8月から9月に雨の量が多いほど，ワインの価格が低くなっていることがわかる。このような，**二つの量の関係を分析して，その間にどのような関係があるかを調べる統計的方法を「相関分析《そうかんぶんせき》」という。**

さらにアッシェンフェルター教授は，これらの散布図から「ワインの価格の方程式」をみちびきだした。このような，**散布図上のデータをあらわす方程式をみちびく統計的方法を「回帰分《かいきぶん》析《せき》」という。**

こうして，アッシェンフェルター教授は，専門家にたよらなくても，ワインが将来高い価値をもつかどうかを予測できるようになったのだ。

ワインの価格を予測する方程式

左ページの四つの相関関係を重みづけして組み合わせることで，「ワインの価格の方程式」をつくることができる。以下は，アッシェンフェルター教授がみちびいた式である（価格は1961年基準）。

前年の10～3月の雨の量 ×0.00117
－ 8～9月の雨の量 ×0.00386
＋ 4～9月の平均気温 ×0.616
＋ ワインの年齢 ×0.02358
－ 12.145
＝ ワインの価格※

ワインの値段を求めてみよう

ここでは，「1983年当時の1971年のワインの値段」を求める。方程式に代入する1970～1971年の気象情報とワインの年齢は，次のとおり。

- 前年の10～3月の雨の量：551mm
- 8～9月の雨の量：112mm
- 4～9月の平均気温：16.7667℃
- ワインの年齢：12年（1971年は，1983年の12年前）

この四つの数を，左で示した方程式に代入すると

$551 \times 0.00117 - 112 \times 0.00386 + 16.7667 \times 0.616 + 12 \times 0.02358 - 12.145 = -1.3214$

となる。実際の当時のワインの価格から求めた指数は「－1.3」だった。

※：ワインの価格は，本節のグラフや方程式では「生産されてからt年目のワインの競売価格」を「1961年に生産されたワインの競売価格」で割り，対数をとった数値であらわされている。この指標が0のとき，1961年に生産されたワインの競売価格と同じくらい高く，値が0より小さいほど，価格が安いことを意味する。

散布図から方程式をみちびく「回帰分析」

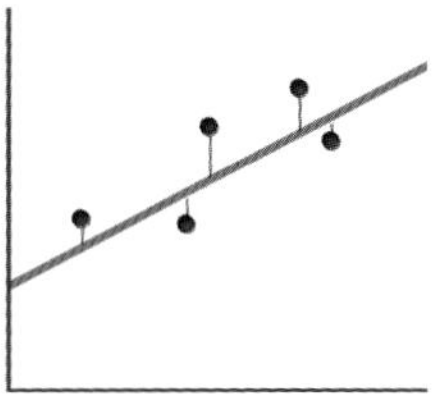

散布図では，一方のデータ（x）が1ふえたとき，もう一方のデータ（y）がどれくらい変化するのかがわかりにくい。そこで，散布図の二つのデータの関係を「$y = bx + a$」という方程式に置きかえるのが，回帰分析である。方程式がどのように決まるかを，図を用いて説明しよう。右の散布図には五つの点がある。まず，これらの点のなるべく近くを通るように直線を引き，この直線にそれぞれの点から図のように線を引く。そして，これら五つの線の長さを2乗してから加え，この合計が最も小さくなるように引かれた線が，回帰分析でみちびかれる方程式である。このような手法を「最小二乗法（さいしょうにじょうほう）」という。なおアッシェンフェルター教授が用いたのは「重回帰（じゅうかいき）分析」といい，2個以上の要素の方程式をみちびく手法である。

「入試は無意味ではない」といえる理由

下のAのグラフは，ある大学の入学試験の成績と，入学後の学科試験の成績の相関《そうかん》グラフである。入試で成績がよかった学生は，入学後も優秀な成績をおさめると予想できるが（二つのテストの成績は相関しそうに思えるが），散布図《さんぷず》を見るとデータはかなりばらついている。

たとえば学科試験で最低点だったのは，入学試験で71点だった学生aである。そして，最高点だった学生bも，入学試験では71点だった。

入試の点数と学科試験の点数の間にあまり関係がないということは，入学後に優秀な成績をおさめられるかどうかは，入試の成績から推測できないということだ。それならば，入試で学生をしぼりこんでも意味がないということになるのだろうか。

正の相関が「相関なし」にかわる!?

入試に意味があるかを判断するには，入試に落ちた人々も含めて判断する必要がある。入試に落ちた人々が，同じ学科試験を受けたとしたら，下のBのようなグラフになるはずだ。ややデータがばらついているものの，入試の成績がよかった学生ほど，学科試験の成績がよいという「正の相関」がみられる。

Aはこの散布図の，入試の得点が64点以上の合格者のデータだけをみていた。そのため，入試と学科試験の間に相関関係がないかのようにみえてしまっていたのだ。つまり，Aのグラフの学生は，最も点数が低い学

A.
新入生の「入学試験の成績」と「学科試験の成績」の相関グラフ

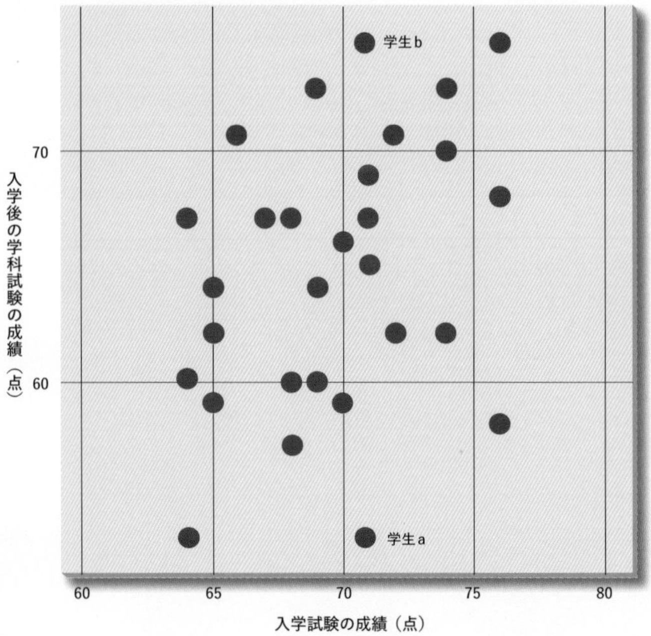

入試による学生のしぼりこみが有効かを判断するには，合格者だけでなく，不合格だった学生も含めて判断する必要がある。もし不合格だった学生が学科試験を受けたら，下のグラフのように分布するだろう。今度は正の相関があることがわかる。

B.
「全受験生の入学試験の成績」と「学科試験の成績」の相関グラフ

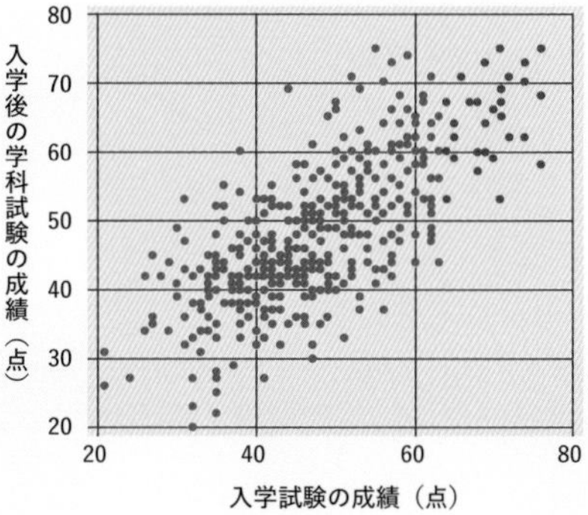

生も含め，受験者全体からみれば非常に優秀なグループに属していたのである。

このように，データをしぼりこみすぎることで相関が弱くなる現象を「選抜効果」という。**分析データの取り方次第で，まちがった結論に至ってしまうことがあるのである。**

正の相関が「負の相関」にかわる!?

もう一つ，データのあつかい方によって，逆の結論をみちびいてしまう例を紹介しよう。下のCは，イギリスの統計学者ロナルド・フィッシャーがあげた，アヤメの花のがくの長さと幅を比較した有名なデータのグラフである。

グラフを見ると，データがかなりばらついている。相関係数を表計算ソフトで計算すると，−0.2だった。どうやら「がくが長いほど, 幅がせまくなる」という弱い負の相関関係があるようだ。

このように考えるのは，実はまちがいである。散布図自体はまちがっていないが，このグラフから「がくが長いほど，幅がせまくなる」という結論をみちびくのはまちがいなのだ。

実はこのデータには，よく似た二つの品種のアヤメのデータが混在している。それぞれを色分けしてみると（D），どちらも正の相関があることがわかる。つまり，本当はがくが長いほど幅も広い傾向があるにもかかわらず，負の相関があるという逆の結論に至ってしまったのだ。

このように，散布図はデータの取り方によって簡単に形がかわってしまう。**相関グラフをえがく際には，入試の例のようにデータをしぼりこみすぎたり，アヤメの例のように広くとりすぎたりしないよう注意する必要がある。**

C.
アヤメの
「がくの長さ」と「幅」の相関グラフ

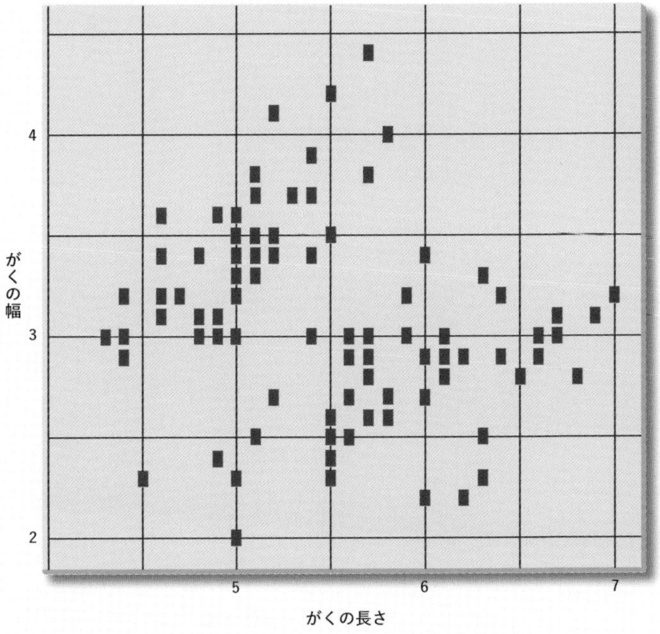

左のグラフは弱い負の相関があるようにみえるが，実は，このグラフは2種類のアヤメのデータでできている。各品種ごとに色分けすると，下のグラフのように，正の相関があらわれる。

D.
2種類を別々にみると……

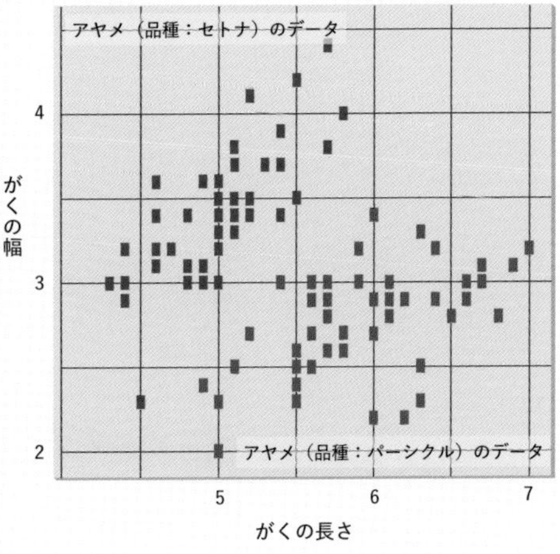

一見関係があるようにみえる「疑似相関」

──理系か文系かということと，指の長さの間には相関《そうかん》関係がある。理系の人は人差し指が薬指より短い人が多く，文系の人は同じくらいだという人が多い。

この文章が示すように，たしかに理系の人のほうが人差し指が薬指よりも短い傾向があるかもしれない。しかし，もしあなたの人差し指と薬指の長さがちがうとしても，それはあなたが「理系」タイプであるためではなく，おそらく「男性」であるためだ。

見えない“要素”がかくれている

一般的に，理系大学は文系大学にくらべて男子学生の割合が高い。そのため，各大学で実際に調査すると「人差し指が薬指よりも短い学生の割合は，理系学生のほうが高い」という結果になるだろう。その意味で，「理系か文系か」ということと「指の長さのちがい」という二つの量（変数《へんすう》）の間には，相関関係があるといえる。しかし，**両者の間には「男性」という第三の量（潜在変数）があり，これは二つの量とは直接関係ない，つまり因果関係はないのだ。**これを「疑似《ぎじ》相関」という（110ページ参照）。

右にえがいた吹きだしの内容は，すべて疑似相関を根拠にしており，誤解をまねく内容になっている。それぞれの文章にかくれた潜在変数を，あなたは推測できるだろうか（答えは，本ページの下に逆さまに置いた）。

C

チョコレートの消費量が多い国ほど，ノーベル賞受賞者の数が多い。チョコレートの成分が脳のはたらきを高めるのかもしれない。

A：年齢。男性は年齢を重ねると，体重が増加する傾向がある。また，年齢を重ねると年収が上がる傾向がある。
B：性別。男性は，薬指が人差し指より長い傾向がある（女性は同じくらいの長さの人が多い）。また，男性は女性よりも理系学部を選ぶ傾向がある。
C：経済的な豊かさ。豊かな国ほどチョコレートなどの嗜好品（しこうひん）の消費が高く，教育や研究の予算や質も高くなることが考えられる。
D：両親の近視。両親が近視だと，子どもも近視になる傾向がある。また調査の結果，近視の両親は，子どもが眠るときに明かりをつけている傾向があるとわかった。
E：健康。40代で出産できるほど健康であり，だからこそ長生きできた。
F：年齢。子どもは成長するにしたがい，靴のサイズが大きくなり，文章の読解能力が上がる傾向がある。
G：人口密度。犯罪の検挙数は，人口が多い地域ほど多い。また図書館などの公共施設も，人口が多い街に多い。

A

日本人男性の年収と体重
には相関関係があります。
体重が重い人ほど，年収が
高い傾向があるのです。

B

実は，理系か文系かということと，
指の長さの間に相関関係があります。
理系の人々には人差し指が薬指より
短い人が多く，文系の人々には
同じくらいだという人が多いのです。

D

明かりをつけたまま眠る
習慣がある若者は，その後，
近視になる可能性が高い。
明かりを消して眠るよう
指導するべきだ。

（1999年Natureの論文をもとに作成）

E

40代で出産した女性は
長生きする傾向があります。
100歳以上の女性たちと，
73歳で死亡した女性たちを比較すると，
長生きの女性たちのほうが
高齢出産の割合が高かったのです。

（1997年Natureの論文をもとに作成）

F

靴のサイズが大きい子どもは，
文章の読解能力が高い。
だから足を見れば，
その子の読解力がわかります。

G

図書館が多い街ほど，
違法薬物の使用による
検挙数が多い。
街にもう一つ図書館をつくったら，
薬物使用の犯罪が
ふえるかもしれない……。

データにかくれた売れ筋商品をさぐれ

スーパーマーケットの店主であるあなたは，次のようなことを思いついた。

「一緒に買われやすい商品を並べて陳列《ちんれつ》したり，一方の商品をかごに入れた客に，もう一方の商品をすすめたりすることができたら，売り上げアップが期待できるのではないか」

購入された商品や客の年齢，天気，時間帯，地域などといったさまざまな種類のデータを整理・分析し，その中から関連性を見いだす（有益なデータを取りだす）手法を「データマイニング」という。たとえば前述の例のように，一緒に買われやすい商品の組み合わせを見つけだすことができれば，それをもとに陳列方法や販促の仕方を考えられる。また，発注数や製造数の決定，商品開発などにも役立てられる。

実際に，アメリカの「ターゲット（TARGET）」というスーパーは，購入されたものから客が次に買いそうなものを予測し，クーポンを送っている。また「ウォルマート（Walmart）」というスーパーは，天候を分析に取り入れ，ハリケーンの直前に売れるお菓子を突き止めたという。

1.
右に，7人の客のレシートを示した。このままでは，買い物にどんな傾向があるかわかりにくいので，表にまとめる。

	スナック	お茶	新聞	おにぎり	パン	ビール	ジュース	からあげ	お弁当
10代女	1						1	1	
20代男						1		1	
60代男		1	1						1
20代女		1			1				
20代男				1		1		1	
30代男	1			1		1	1	1	
10代男	1						1		
合計	3	2	1	2	1	3	3	4	1

2. ひんぱんに買われるものと，あまり買われないものの差がわかりやすくなった。この表から，「新聞を買った人はお弁当を買う」などと結論づけたくなる。しかし，1人の行動だけから全体を予測するのは危険だ。

一緒に買われやすい組み合わせは？（→）

客のレシートから，一緒に買われやすいものは何かを探ってみよう。実際には，「POS（ポス）システム」を通じて集められた膨大なデータを，コンピュータによって分析する。POSシステムとは，店舗で商品が購入されたときに，レジを通じて自動的にデータが集計されるしくみのこと。

	スナック	ビール	ジュース	からあげ
10代女	1		1	1
20代男		1		1
60代男				
20代女				
20代男		1		1
30代男	1	1	1	1
10代男	1		1	
合計	3	3	3	4

3. 2の表から，3人以上が買っているものを抜粋し，まとめた。この，何人の客が購買しているかをあらわす指標を「度数（どすう）」という。

	スナック	ビール	ジュース	からあげ
スナック		33	100	67
ビール	33		33	100
ジュース	100	33		67
からあげ	50	75	50	

4. 上の表では，「からあげを買った人がジュースを買う確率」と「ジュースを買った人がからあげを買う確率」を区別している。前者は4人中2人で50%，後者は3人中2人なので67%という確率が予測される。つまり二つの商品のうち，どちらを基準にとるかによって，買われる確率がことなることがあるのだ。このような，一方が買われたときにもう一方も買われるであろう確率は，「条件付き確率」の一つである（6章でくわしく紹介）。

“統計の達人”に聞く統計のもつ威力

“統計の達人”とよばれるスウェーデン出身のハンス・ロスリング博士(2017年に逝去《せいきょ》)は，かつて相関《そうかん》分析を使って未知の病気の原因を追究し，勢力的に講演活動を行っていた。講演はデータやグラフが主役だが，博士にかかればデータがグラフの上で生き生きと動きだし，社会の変化がスポーツの実況中継仕立てで語られるのだ（インターネット上の動画サイトでは，数千万回再生されている)。

本節では，『月刊Newton』2013年12月号のインタビューで，博士からうかがった「統計のもつ威力」について，まとめて紹介しよう。

これまでの活動と現在の活動

ロスリング博士は現在（インタビュー当時)，インターネットで調査を行う大手企業と協力して，世界中の人々に「あなたは世界について，何を知っていますか」と質問しているという。

たとえばスウェーデンの人々には，次のように聞いた。「50年前は，世界の子どもの数は10億人未満でした。その後，2000年には20億人前後にまで増加しました。では，国連の専門家は，将来について何と言っていると思いますか？『①今世紀中に，40億人にまで増加しつづける』『②わずかに増加がゆるやかになり，30億人になる』『③子どもの増加はストップした』」。

博士によれば，答えは③であるという。正解した人は，わずか10%だった。これは人類の歴史上，非常に重大な出来事であるが，前述の2000年までの傾向（増加）を考えると意外に感じられる。

次に博士らは，「これから21世紀中に，人口が30億人から40億人も増加します。なぜでしょうか？『①より多くの子どもたちが生まれ，より多くの貧しい子どもたちが生き残るから』『②多くの若い世代の人々が年をとり，大人になるから』『③高齢者がより長生きするから』」とたずねた。

この質問についても，たった15%の人たちだけが「②若い世代が年をとり，大人になる」ことを知っていた。そして，まちがえた人たちは，衝撃を受けていたそうだ（自分の誤った考え方や結論に気づいたため)。

事実にもとづいて“世界”を理解してもらう

ロスリング博士は人々に，**事実にもとづいて，世界について理解してもらうことを目標に，インターネット上でのデータ公開や，講演などを行っている。**すなわち，だれにでも理解できるものの見方を使って，このような無知をなくしたいと考えているのだ。

博士は，いつから統計に興味をもつようになったのだろうか。ロスリング博士は語る。

「私の人生を振りかえると，コーヒー豆を煎《い》る仕事をしていた父にさかのぼります。父はコーヒー豆の袋に落ちていた外国の小銭を持って帰り，私にブラジル，エチオピア，グアテマラでコーヒーの実を摘む人たちのひどい生活状況について話してくれました。今から50～60年前のことです。私は世界の国々に興味をもち，旅行するようになりました。

そして私は最初に，統計学，経済学，政治学を勉強することにしました。のちに医学に転向しましたが，10年後に医者をやめ，主に調査による研究をはじめました。地域の医師として数

ハンス・ロスリング
Hans Rosling（→）

元・スウェーデン，カロリンスカ研究所教授・ギャップマインダー財団代表者。2017年に逝去。専門は公衆衛生学，医療統計。アフリカで発生したコンゾという病気の原因を統計調査で明らかにした。統計ツールを使った社会問題のわかりやすい解説が評判になり，国連や企業などで講演活動を行った。講演の一部は，下記ウェブサイトで字幕つきで閲覧できる（https://www.ted.com/talks/hans_rosling_the_best_stats_you_ve_ever_seen?language=ja)。晩年を執筆に捧げ，著書『ファクトフルネス』(日経BP社，2019）は，世界的ベストセラーになっている。

年間アフリカではたらいたあと，医学の教科書には載っていない麻痺《まひ》性の疾患《しっかん》『コンゾ』を発見したのです。

コンゾの原因は，人々が食料不足におちいって，『キャッサバ』という木の根（根菜《こんさい》）をふだん行っている下処理をしないまま食べていたことにありました。そして私は，アフリカの崩壊しつつある農業システムと地方の経済に興味をもちました。

こうして，私の関心は経済学と政治学にもどりました。なぜある国々は裕福で，またある国々は貧しいのか，あるいはその中間にあるのかを理解したいと思うようになったのです」

評判をよんだソフトウェア

ロスリング博士は研究を進める中で，強い怒りを感じるようになったという。それは，発展途上国という概念が存在しつづけていることに対してである。**多くの人は，「先進国」と「発展途上国」という分類を使っている。しかしそれは大きなまちがいで，50年前の話だ。今や，国々はひとつながりに分布しているのである。**

博士はこのことを大学の講義で示すために，データがグラフの上を動くソフトウェアを使った。なお，このソフトウェアは，博士の息子が作成を提案したものだったという。博士が非営利の国際的な講演会「TED《テド》」で講演した際にも，このソフトウェアが使われ，講演とともに大評判になったそうだ。

TEDで講演が終わったあと，Google《グーグル》社の創設者の一人であるラリー・ペイジ氏が壇上に駆け上がってきて，「だれがプログラムのコードを書いたのですか？」とたずねてきた。博士が「息子とその仲間たちです」と答えると，Google社はそのソフトウェアを取得し，息子たちをプログラマーとしてまねいたという[※1]。発明とは，こうした幸運な偶然に支えられているものな

※1：ソフトウェアはGoogle社に無償で提供された。なお，ソフトウェアはその後も，ロスリング博士が代表を務めていたギャップマインダー財団のウェブサイトで公開されている（https://www.gapminder.org/）。また，Google社でも，ソフトウェアに機能を追加したものを「The Public Data Explorer」という名で公開している（https://www.google.com/publicdata/directory）。

＊縦軸は対数軸。

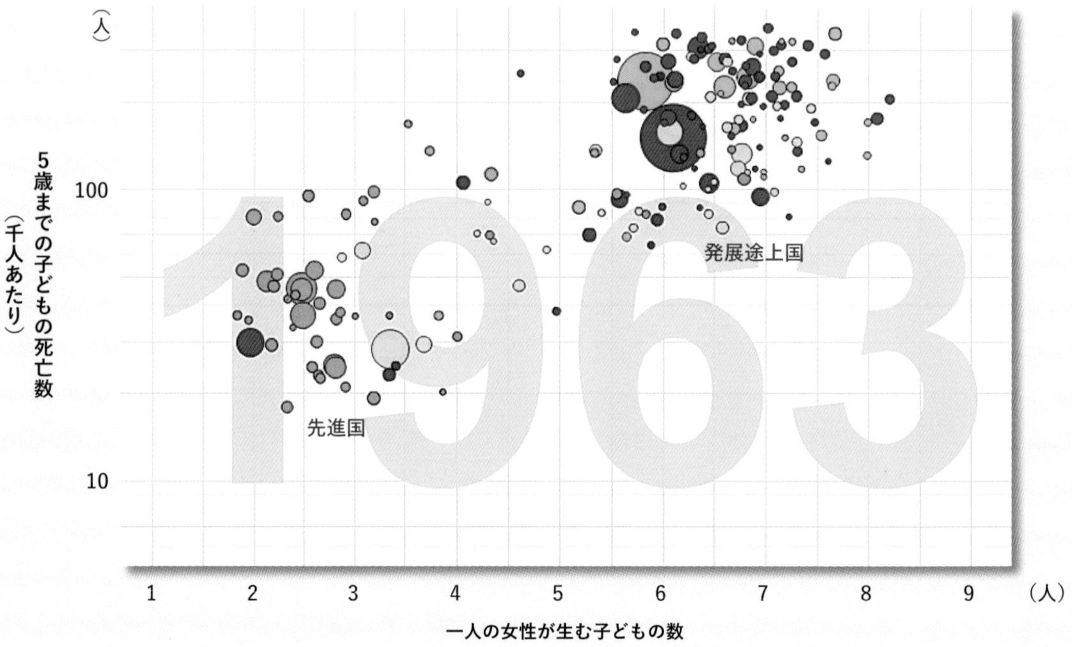

のかもしれない。

未知の病気の原因を20年間追究しつづけた

ロスリング博士はどのようにして，コンゾの原因を発見したのだろうか。コンゾは深刻な貧困状態におちいるとかかる，毒素や栄養障害の病気であるため，博士は生活習慣のちがいに注目して，集団のレベルで調べる必要があった。

まず，1000 〜 2000人ごとの小規模地域に区切り，1000人中何人が発症したかを計算した。そして，その村の典型的な食習慣を調べた。それからさらに，月ごとの発症者数，食生活の毎年の変化も調べた。

その結果，いちばん発症率の高かった地域および月では，ほとんどが下処理が不十分なキャッサバの摂取のみにたよる食生活だったことがわかったのである（下処理が不適切だと，食べた際にシアン化物を多く摂取することになる）。

世界の国々は もはや先進国と発展途上国に分かれていない（↓）

発展途上国は貧しく，一人の母親が6人以上の子どもを生む，大家族の家庭が多いと思いこんでいる人がたくさんいると，ロスリング博士は語る。下の二つは，女性一人あたりが生む子どもの数（横軸）と，子どもの死亡数（縦軸）の関係を，国ごとにあらわしたグラフである。玉の大きさは人口を，色は黄色が南北アメリカ，オレンジ色がヨーロッパ・ロシア・中央アジア，緑が中東・北アフリカ，青がサブサハラ・アフリカ，水色が南アジア，赤が東アジア・オセアニアの国であることをあらわす。

左ページの1963年のグラフでは，世界の国々は先進国と発展途上国の二つのグループに分かれていた。しかし右ページの1990年のグラフでは，発展途上国と先進国はひとつながりに分布しており，二つのグループに明確には分かれていないことがわかる。なお，これらのグラフは，博士が代表を務めるギャップマインダー財団のウェブサイトから抜粋した（https://www.gapminder.org/tools/?from=world#$chart-type=bubbles&url=v1）。

＊縦軸は対数軸。

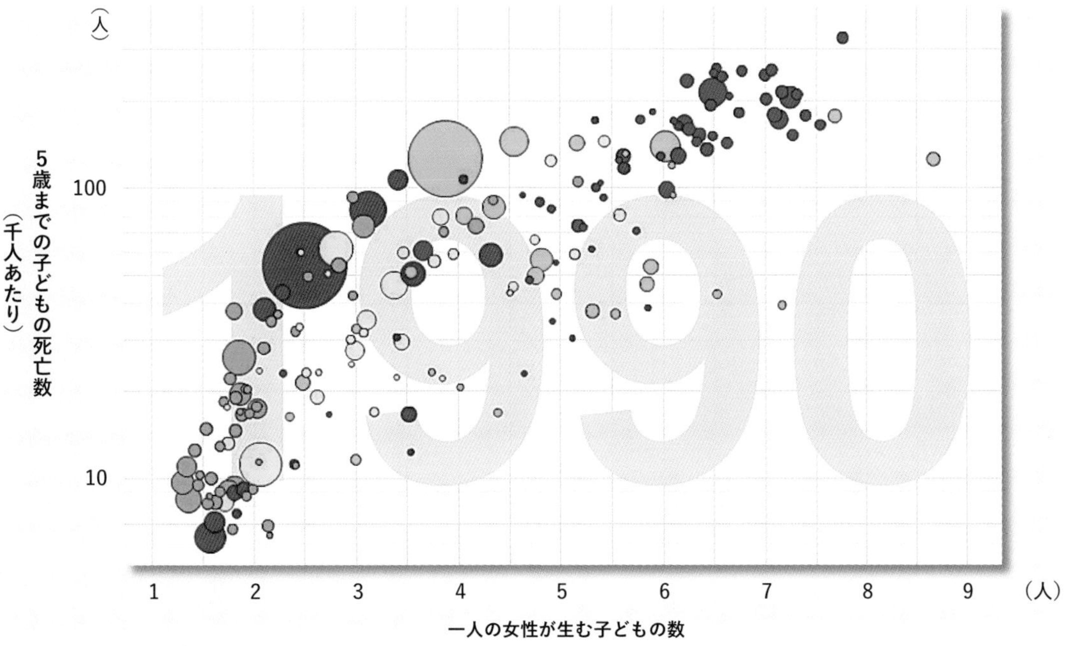

つまり，きちんとキャッサバを下処理する余裕がないために残されていた毒が，コンゾの原因だと推定された（強い相関《そうかん》性が見つかった）のだ。

ただし，これが最終的な証明になったわけではない。証明するためには，実験が必要だ。

どのように実験を行うか

「実験」とは，未処理のキャッサバを食べる集団と，未処理のキャッサバ以外のものを食べる集団を比較して，病気の発生にちがいがあるかを調べるということだろうか※2。

これに対し，ロスリング博士は「そのとおりだが，倫理的には不可能です」と答えた。人々は，悲惨なほどの貧困の中で，想像を絶する食生活により生きている。そのような中で，実験のために，特定の人にだけ栄養価の高い食物をあたえることはできないのだ。

そこで博士は，**実験を行わずに，シアン化物が原因である可能性を検証するために，調査を実に20年間つづけた。**これにより，コンゾの原因はかなり明らかになったと，博士は考えているという（ほかの地域では，この病気がみられないため）。

ロスリング博士らはコンゾの流行を8件報告しているが，すべて同様の食習慣があり，同様の食習慣とコンゾの組み合わせがみられたという。

また，この病気が発症するのはタンザニア南部であるとの予測もできていたことから，博士は現地に行って，病気を発見したこともあるそうだ。

相関分析のここに注意

さて，二つのデータの間の関係を調べる「相関分析」を行う際，どのような点に注意すればよいだろうか。ロスリング博士によれば，相関性が意味するのは「因果関係」ではないという。

一つ例をあげよう。2年前の夏，ドイツのあるレストランで胃の重篤《じゅうとく》な感染症が発生し，数人が亡くなるという非常に痛ましい事故がおこった。そこで，「感染した人が食べたもの」と「無事だった人が食べたもの」の相関性が調べられた。すると，感染した人たちは，感染しなかった人たちとくらべて，より多

キャッサバ

くの野菜，とくにスペイン産のトマトを食べていたことがわかったのである。そこで欧州連合がスペイン産トマトの輸出を禁じた結果，スペインでは失業者が続出した。

ところがあとになって，スペイン産トマトはこの事件とはまったく関係がなかったことが判明した。原因は，ドイツ国内で栽培されたもやしだったのだ（農家の規模が小さかったために，見落とされていたようだ）。これは，相関性にもとづいてまちがった決定が下された典型的な例であろう。

では，2種類のデータに相関性があるとわかったら，その結果をどう使えばよいのだろうか。多くの場合，相関関係は「仮定」を立てる際に役立つ。相関関係とは，**それにもとづいて行動をおこすためのものではなく，そこからさらに結論をみちびきだすためのものなのだ。**

ただし，相関性を明らかにするような実験がむずかしい場合もある。その場合は，なるべくしっかりした研究ができるよう，方法につねに頭を悩ませる必要がある（博士談）。

仮説検定の意味は被験者の数で大きくかわる

仮説検定で，統計学的には有意な差があっても，現実の世界では何の意味もない場合もあることはご存じだろうか。

たとえば，大阪の人は東京の人とくらべると太っているとしよう。どうしてそれがわかるのかというと，ある人は東京と大阪でそれぞれ10万人の被験者を対象に調査し，大阪の住人のほうが13グラム体重が重いという「統計的に有意」な結果を得たからだというのだ。

たった13グラムのちがいなら，それは「差がある」というより，「ほぼ同じ」であるといえる。つまり，この結果に現実的な意味はない。

実は，サンプル数として十分な規模であれば，必ず統計学的に有意な差をみちびける。そして，わずかなちがいを調べるためには，膨大な数のサンプルが必要になる。

たとえば「この新薬は既存の薬よりも効果がある」と言われたとしよう。ある人に根拠を聞くと，「患者1万人を被験者として，半分に一方の薬，もう半分にはもう一方の薬を投与する方法で調べたから」だという。

この段階で，さほど結果にちがいはないであろうことがわかると，ロスリング博士は言う。1万人の被験者を必要とする時点で，効果の差がごくわずかであることが明らかなためだ※3。もし，ある薬がほかの薬より飛び抜けてすぐれているなら，被験者は100人もいれば十分だ。

このように，**大規模な調査から得られるわずかな差より，規模の小さい調査で発見された大きな差が重要なのである。**

また，ロスリング博士は語る。「数字がなければ，世界は理解できません。でも，数字だけでも，世界は理解できないのです。数字や尺度，そして文化や宗教にもとづくものの見方の両方が必要なのです」。

キャッサバなどを使ってつくる
アフリカの代表的な料理「フフ」（左）

※2：この実験は，140ページで紹介した「ランダム化比較試験」である。
※3：10回じゃんけんをして，一方が6回勝つことは十分ありうるが，1万回じゃんけんをして，一方が6000回勝つ確率は非常に低い。前者と後者で勝率は同じ60%だが，仮説検定で勝者が強いかどうかを調べると，前者では「判定できない」という結果となり，後者は「勝者のほうが強い」という結果になる。このように，仮説検定ではサンプル数が多いほど，わずかな差でも「意味がある」と判定できるようになるという性質がある。

ベイズ統計・数理モデル

協力・監修　今野紀雄／友野典男
協力・監修・執筆　江崎貴裕

ある「結果」から，その結果をもたらした「原因」を知りたいと思うことは，日常生活の中でしばしばある。そんな状況に対応できるのが「ベイズ統計学」である。本章では，ベイズ統計学の基本的な概念を解説する。

また，章の後半では，データ分析で力を発揮する「数理モデル」をあつかう。数理モデルにおいても，ベイズ統計学の考え方が生かされる“シーン”があるという。

6

感覚と計算結果にずれが生じることもある

確率を求める計算は日常生活でもよく使われているが，なかには感覚と計算結果にずれが生じることもある。

たとえば今，致死《ちし》性の高いとされるたちの悪い新型のウイルスが発生し，すでに1万人に1人の割合で感染しているとしよう。心配になったあなたは，このウイルスの感染検査を受けるために病院に行った。すると医者から「この検査の精度は99%であり，誤った判定が出る可能性はわずか1%です」という説明を受けた。そしてあなたの検査の結果は，不幸にも「陽性」（＝感染している）であった。

あなたは，99%という高い精度をもつ検査で陽性と判定されたのだから，ウイルスに感染しているのはほぼ確実だと落ちこんでしまった。**しかし「悲観するのはまだ早い」と，確率が教えてくれていることを忘れてはならない。**

検査の偽陰性と偽陽性

たとえば，100万人がこの検査を受けたとしよう。ウイルスの感染率は1万人に1人なので，100万人の中には100人の感染者がいるということだ。精度99%の検査は，この100人の感染者のうち平均して99人を，正しく陽性と判定するだろう。だが**残りのひとりを，誤って陰性**（＝**感染していない）と判定してしまうということでもあるのだ**。これを「偽陰性《ぎいんせい》」とよぶ。

一方，100万人の中の非感染者の数は，100万人－100人（感染者）＝99万9900人である。精度99%の検査は，99万9900人の99%にあたる98万9901人を，正しく陰性と判定するだろう。だが，**99万9900人の1%にあたる9999人を，誤って陽性と判定してしまうかもしれない。**これを「偽陽性《ぎようせい》」という（次節へつづく）。

ウイルスの感染者は1万人に1人の割合で存在する。100万人の中には感染者が100人，非感染者は99万9900人いる。（→）

「精度99％」の検査は，99万9900人の非感染者のうち98万9901人を正しく「陰性」と判定し，9999人を「陽性（偽陽性）」と判定する。

「陽性」とされた人々の内訳（→）

陽性と判定された1万98人のうち，非感染者は9999人で，実際に感染しているのは99人（1%）にすぎない。この段階で陽性だからといって，ウイルスに感染していると考えるのは早計だ。この1万98人を対象にさらに別の検査を行い，感染者をしぼりこむ必要がある。

感染者が1万人に1人しかいない，めずらしい病気の場合

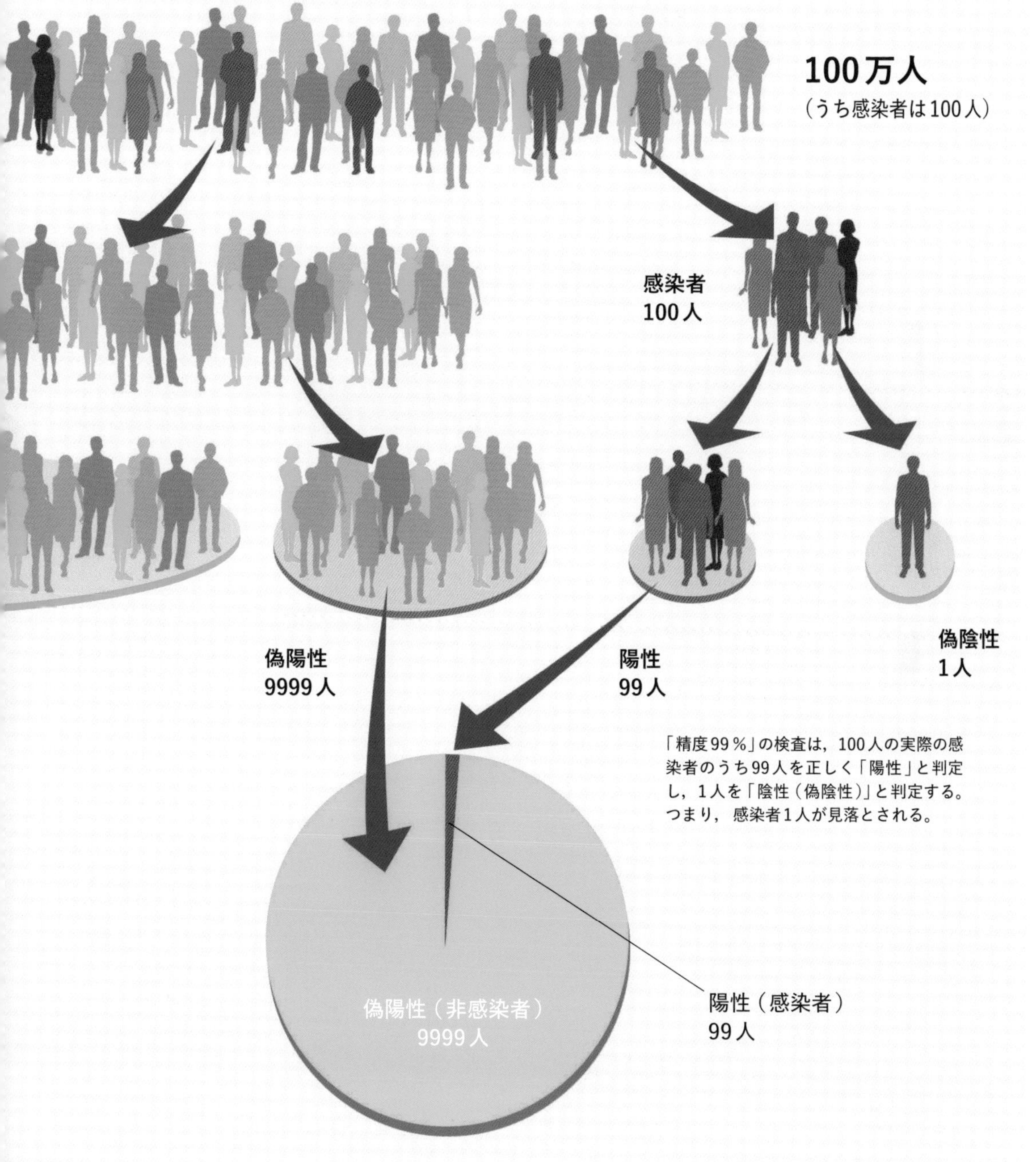

「精度99％」の検査は，100人の実際の感染者のうち99人を正しく「陽性」と判定し，1人を「陰性（偽陰性）」と判定する。つまり，感染者1人が見落とされる。

「精度99%の検査で陽性」の本当の意味とは?

結局，前節のケースで「陽性」と判定された人の合計は99人（陽性）＋9999人（偽《ぎ》陽性）＝1万98人となる。だが，そのうち実際に感染しているのは99人にすぎない。これは，陽性と判定された人のわずか1%である。

つまり，この検査で陽性と判定されたとしても，**ただちに感染していることを意味するわけではないのだ。**検査を受ける前には0.01%（1万人に1人）だった確率が，検査で陽性と判定されたこと（＝あとから生じた出来事）によって，1%（100人に1人）に増加したにすぎないのである。

このような検査で再検査が必要となるのは，こうした事情による。また，たとえ「陰性」と判定されても，98万9902人に1人（0.0001%）は，実際に感染しているということになる。

ありふれた病気で同様の検査を行うと?

偽陽性と判定される人が陽性の人よりも多くなってしまうのは，非常にめずらしい病気の場合だ。もし，半数の人が感染している病気について精度99%の検査を行うと，偽陽性と判定される人は5000人，実際に陽性の人は49万5000人となり，後者が多数派になる。

このように，同じ「精度が99%の検査」であっても，**病気がどれくらいめずらしいかによって，陽性と判定された人のうちの感染者の割合は大きくかわるのだ。**

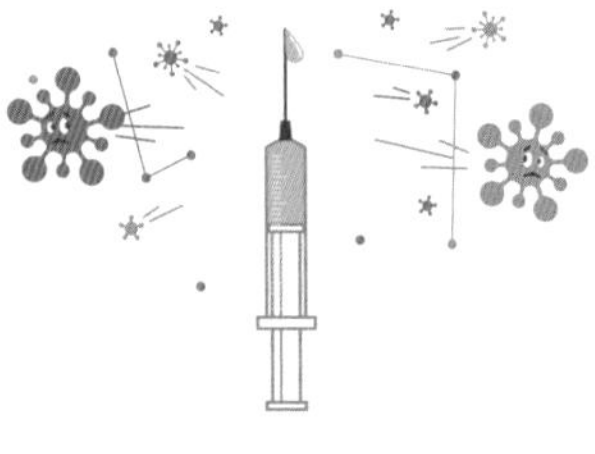

ウイルスの感染者は1万人に5000人の割合で存在する。100万人の中には感染者が50万人，非感染者は50万人いる。（→）

「精度99%」の検査は，50万人の非感染者のうち49万5000人を正しく「陰性」と判定し，5000人を「陽性（偽陽性）」と判定する。

「陽性」とされた人々の内訳（→）

陽性と判定された50万人のうち，感染者は49万5000人（99%）を占める。前節の場合とはちがい，感染者が圧倒的に多い。もし「陽性」と判定されたら，感染している可能性が高い。

2人に1人が感染する，ありふれた病気の場合

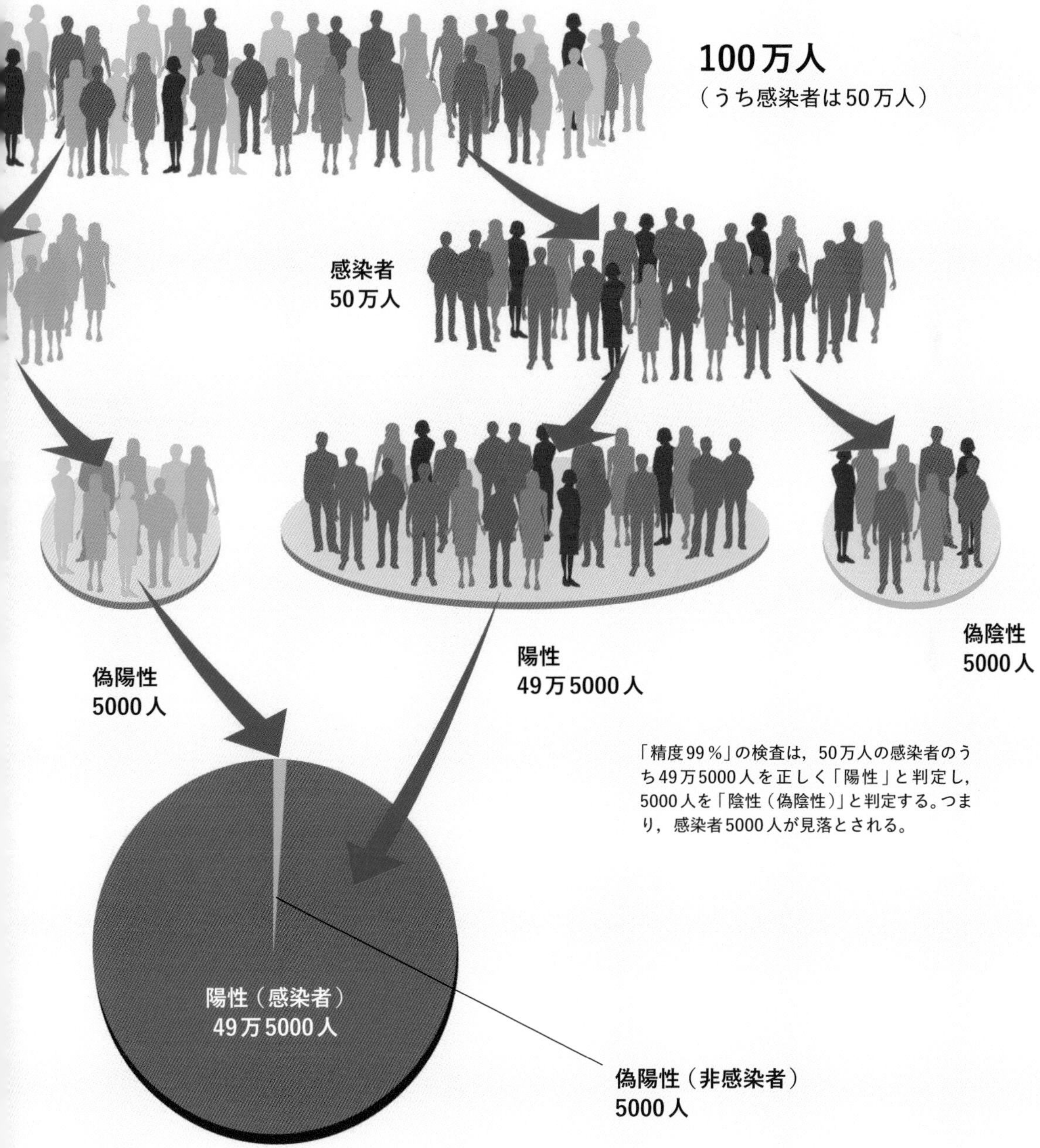

「精度99％」の検査は，50万人の感染者のうち49万5000人を正しく「陽性」と判定し，5000人を「陰性（偽陰性）」と判定する。つまり，感染者5000人が見落とされる。

ベイズの定理を使うと「結果」から「原因」が推定できる

2枚のコインを投げ，落ちたコインの裏表を当てるゲームを考えてみよう。2枚のコインのうち，少なくとも1枚のコインは「表」であるとわかった。このとき，もう一方のコインも表である確率はいくつだろうか。

直感的には「2分の1」と考える人が多いのではないだろうか。ところが正解は「3分の1」である。何も情報がない段階で考えられる裏表のパターンは（表，表）（表，裏）（裏，表）（裏，裏）の4通りで，それぞれ等確率でおきる。2枚のうち一方が表とわかっているので，（裏，裏）の可能性はなくなった。残った3パターンのうち，も

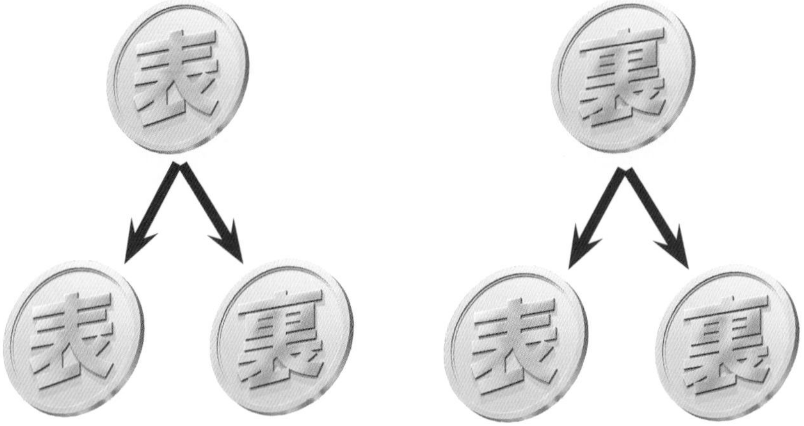

条件付き確率

ある事象**A**がおきたときに，別の事象**B**がおきる確率を，「条件付き確率」とよぶ。

$$\text{AがおきたときにBがおきる確率} = \frac{\text{AとBがともにおきる確率}}{\text{Aがおきる確率}}$$

数学の記号を使って書くと，下のようになる。

$$P(B|A) = \frac{P(A \cap B)}{P(A)}$$

なお，高校の教科書では，**P（B｜A）**を$P_A(B)$と書く。

ベイズの定理

ある結果**B**がおきたとき，それが原因**A**によるものである確率を求めるのが「ベイズの定理」である。下の**P（A）**は「事象**A**がおきる確率」，**P（B｜A）**は「事象**A**がおきたときに事象**B**がおきる確率」（＝条件付き確率）である。

ベイズの定理は，新型コロナのPCR検査やがんの検査などにも応用可能だ。一般に病気の検査は，陽性の可能性がある対象者を何らかの方法でしぼりこまないと，162ページの例のように，実際には病気ではないのに「陽性」と判定される人の割合がふえてしまうおそれがある。

$$P(\text{原因A}|\text{結果B}) = \frac{P(\text{結果B}|\text{原因A}) \times P(\text{原因A})}{P(\text{結果B})}$$

う1枚も表であるのは（表，表）の1パターンのみ，つまり確率3分の1というわけだ。

このように，ある事象**A**がおきたとき，別の事象**B**がおきる確率を「条件付き確率」という。冒頭の例のように，**条件付き確率は，直感に反することがしばしばある。**56ページで紹介したモンティ・ホール問題も，条件付き確率の一つだ。

この条件付き確率を応用したのが，「ベイズの定理」である。この定理は，**ある結果Bがもたらされたときに，それが原因Aによるものである確率**（＝**条件付き確率）を求める計算方法だといえる。**

ベイズの定理は，結果から原因を推測する「ベイズ統計」の基礎となっている。ベイズ統計は，身近なところでは「迷惑メールの自動仕分け」で利用されている（次節でくわしく紹介）。

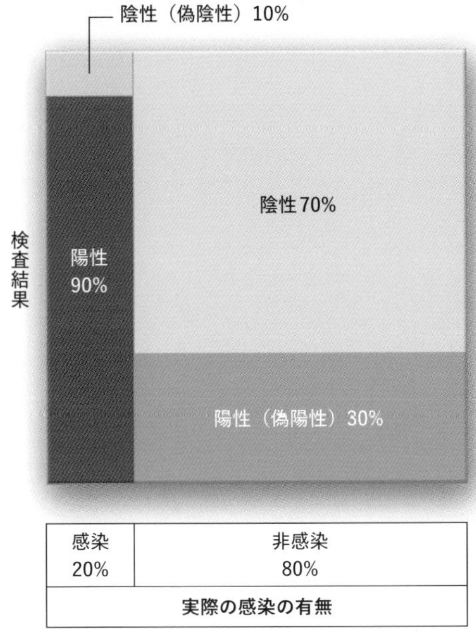

（←）
陽性判定と感染者の割合
左は，162ページでみた「陽性判定」を，単純な数値に置きかえて図示したものである。5人に1人がかかる（20%）感染症で，感染している人が陽性と判定される精度90%，感染していない人が陰性と判定される精度70%だとした場合，このような図となる。

（↓）
モンティ・ホール問題をベイズの定理で解く
モンティ・ホール問題で，箱の選択に必要な「条件付き確率」も，ベイズの定理を使えば簡単に求めることができる（左下の式と文につづく）。

$$\text{司会者がCを開けたときに最初に選んだAがあたりの確率} = \frac{\text{Aがあたりの確率} \times \text{Aがあたりのとき司会者がCを開ける確率}}{\text{司会者がCを開ける確率}}$$

$$= \frac{\frac{1}{3} \times \frac{1}{2}}{\frac{1}{2}} = \frac{1}{3}$$

次に「司会者がCを開けたとき，最初に選ばなかったBがあたりの確率」を計算すると$\frac{2}{3}$になり，やはり箱はかえたほうがよい（当たる確率が2倍）という考えになることがわかる。

迷惑メールの判定も ベイズ統計で

迷惑メールの仕分けについて理解するために，まずは次のような問題を考えてみよう。

AとBの二つの箱がある。Aには赤玉4個と青玉2個，Bには赤玉2個と青玉4個が入っている。AとBのうち，どちらか一方の箱を$\frac{1}{2}$の確率でランダムに選び（どちらを選んだかはわからない），玉を取りだしたところ，玉の色は赤だった。このとき，最初に選んだ箱がAの箱だった確率はいくつだろうか。

答えは$\frac{2}{3}$である。玉の色を見ていない段階では，どちらの箱から取りだしたのかにかかわらず，確率は$\frac{1}{2}$だ。ところが，「玉が赤色」という情報が加わったために，確率が$\frac{2}{3}$へと変化したのだ（下図）。もともと赤玉の割合が高いAの箱から玉を取りだ

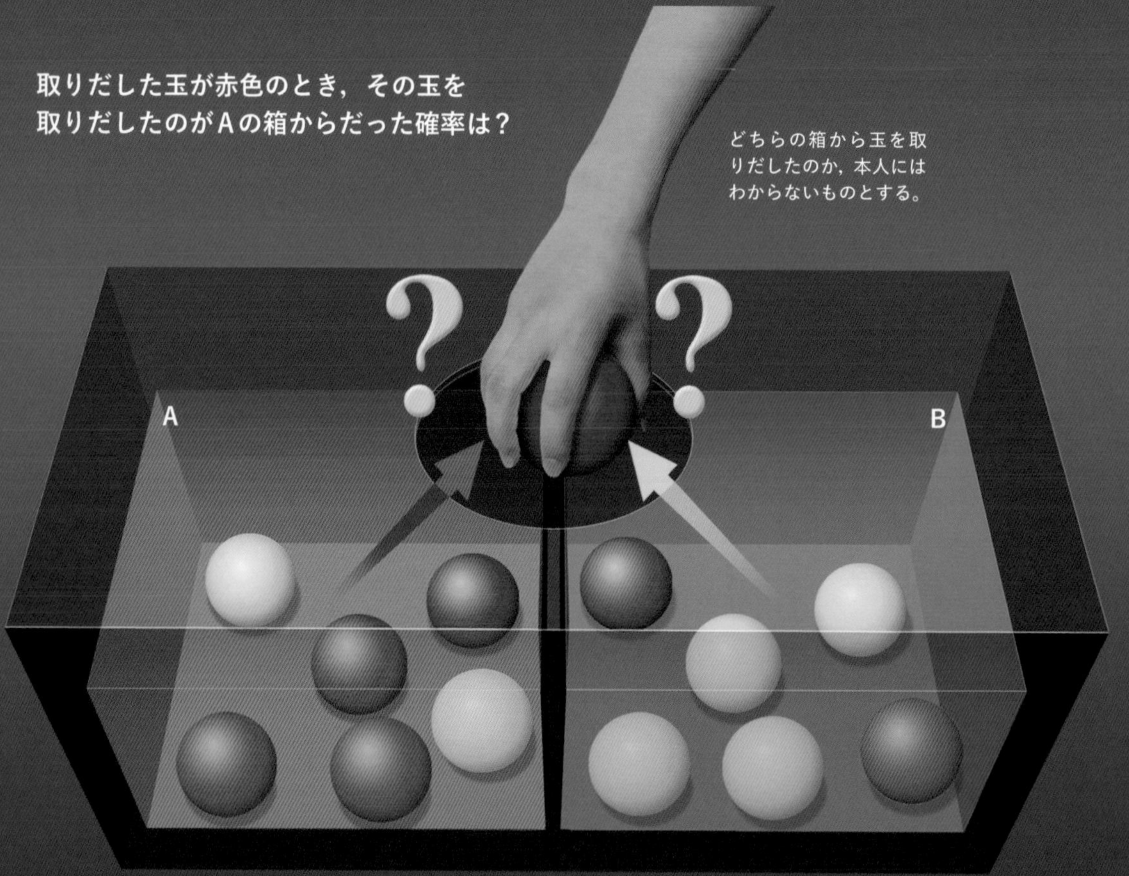

求めたいのは，赤玉が出たという条件のもとで，その前に箱Aを選んでいた確率で，P（A|赤）とする。条件付き確率の公式より，$P(A|赤) = \frac{P(A \cap 赤)}{P(赤)}$ である。P（赤）は，箱Aを選んで赤玉を取りだした場合$\frac{1}{2} \times \frac{4}{6}$と，箱Bを選んで赤玉を取りだした場合$\frac{1}{2} \times \frac{2}{6}$を足しあわせたものである。これを計算すると，$(\frac{1}{2} \times \frac{4}{6}) + (\frac{1}{2} \times \frac{2}{6}) = \frac{1}{2}$。また，P（A∩赤）は，箱Aを選んでそこから赤玉を取りだす確率である。これを計算すると，$\frac{1}{2} \times \frac{4}{6} = \frac{1}{3}$となる。よって，$P(A|赤) = \frac{P(A \cap 赤)}{P(赤)} = \frac{2}{3}$となる。

した確率が$\frac{1}{2}$よりも高くなるのは，直感的にも理解しやすいだろう。

さて，この考え方を迷惑メールの仕分けに応用してみよう。玉の問題と同じように，AとB二つの箱を考える。Aは「迷惑メールの送信者の言葉の箱」，Bは「通常のメールの送信者の言葉の箱」だとする。各単語は，過去のメール（データ）をもとに，迷惑メールでよく使われる単語なのかどうかの“危険率”が事前に計算されている。

メールが送られてきたとき，コンピュータにメール内で使われている単語を検索させる。このとき，危険率が高い単語が多ければ，そのメールは迷惑メールである（箱Aから送られてきた）可能性が高いことになる。

このような計算をすべての単語について行い，それらを総合して，そのメールが迷惑メールである確率を求めるのだ。**計算によって出された「迷惑メールである確率」が基準値以上なら，そのメールは自動的に迷惑メールと判断され，仕分けされることになる。**

文中に含まれる単語に“危険度”が高いものが多いとき，そのメールが迷惑メールである確率は？

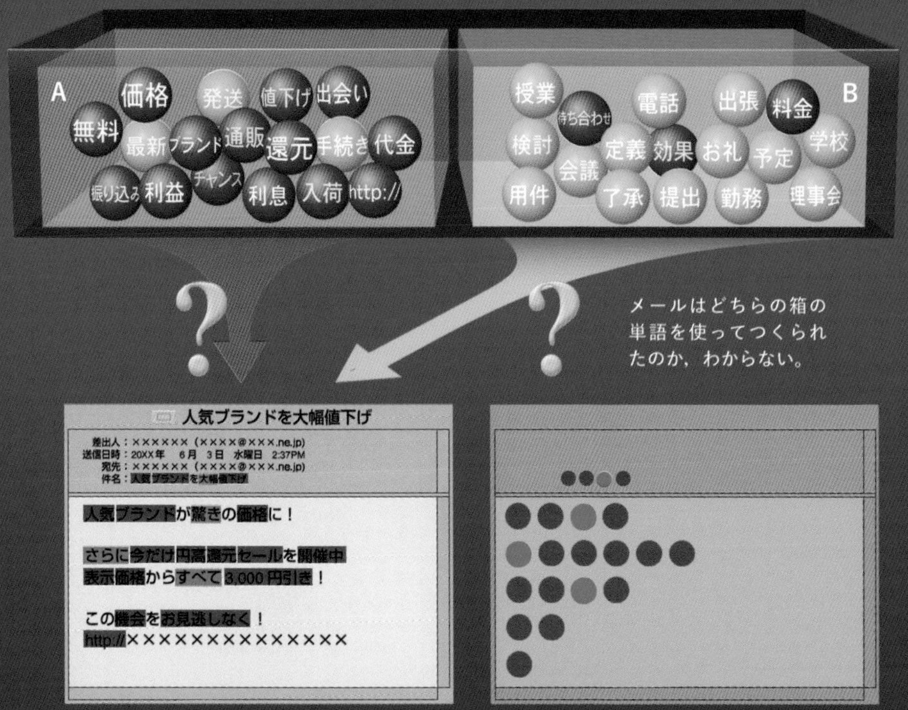

ここでは便宜上，危険度の高い言葉を赤玉，危険度の低い言葉を青玉であらわした。箱Aの単語は，赤玉（危険度の高い単語）の割合が高い。箱Bは通常のメールの送信者が使う言葉の箱である。箱Bの単語は，青玉（危険度の低い単語）の割合が高い。

メールの中に使われている単語を，メールを開く前にコンピュータに自動的に検索させる。

“危険度”が高いある単語が含まれている場合，迷惑メールである確率は高い。そこでベイズの定理を使って，ある単語が含まれているときの，迷惑メールである確率（箱Aから送られてきた確率）を求める。このような計算を複数の単語を使って行い，●●と■■と▲▲…が含まれているとき，迷惑メールである確率は○%といった確率を求める。この確率が設定値以上になると，迷惑メールと判定される。

急速に広がる ベイズ統計の応用範囲

ベイズ統計では，**新しい結果（事後確率《じごかくりつ》）が得られたとき，その情報を次の確率計算のための情報（事前《じぜん》確率）として利用することで，確率の値をどんどん更新していくことができる。**これを「ベイズ更新」とよぶ。

前節の迷惑メール仕分けの例では，単語が追加されるごとに，迷惑メールである確率が変化して（更新されて）いく。私たち人間も，複数の単語・情報を見て，迷惑メールかどうかを判定する。「出会い」という単語だけではまだ判断がつかないが，「無料」や「このページを見て！」などと書かれているのも見て，これは迷惑メールだと確信するようになる。

ベイズ統計は，この過程を具体的な確率として計算する。そのため，ベイズ統計は人間の思考に近い「人間的な統計学」だと言われることもある。

急速に広がる応用範囲

ベイズ統計は現代において，ITや医療，ビジネスなど幅広い分野で応用されている。

たとえばMicrosoft《マイクロソフト》社の創業者ビル・ゲイツは1996年ごろ，ベイズ統計の専門技術において自社が優位に立っているとアピールし，2001年には，21世紀の同社の基本戦略はベイズテクノロジーであると宣言している。ゲイツ氏のいう「ベイズテクノロジー」とは，ベイズ統計を基礎に置く情報技術のことを指す。ちなみにGoogle《グーグル》社も，検索エンジンの基礎原理にベイズ統計を採用している。

複雑な因果関係をあつかうときに役立つのが，「ベイジアンネットワーク」である。これは，**ある出来事の原因と結果（因果関係）を図と確率で可視化したもので，ベイズの定理が基本となっている**（右ページ参照）。

本節までに紹介した内容は，ベイズ統計のごく基本的な概念だ。よりくわしく学びたい人は，実践的にベイズ統計の計算が行える無料の統計ソフト※などもあるので，ぜひチャレンジしてみてほしい。

※：統計解析ソフト「R」（https://www.r-project.org/）など。英語表記だが，インターネット上には日本語で解説したページも多くある。

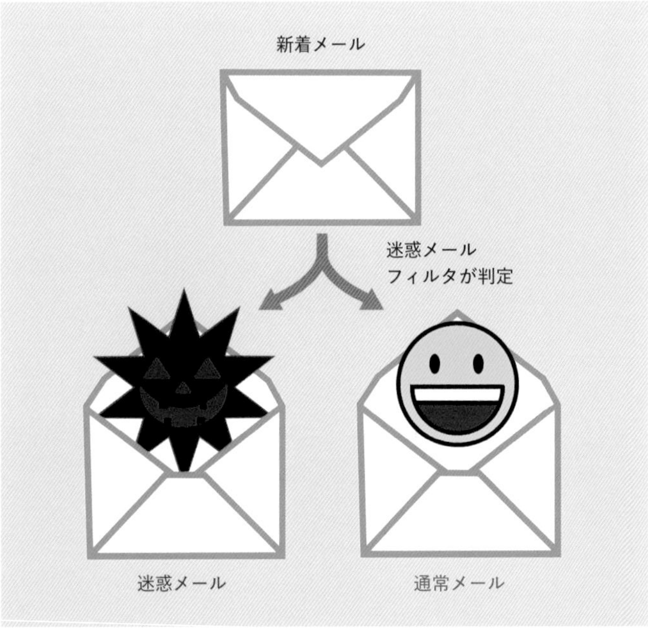

「学習」するほど迷惑メールの仕分け精度が高まる

迷惑メールフィルタのように，ベイズ統計を使って，判定や分類を行う方法は「ベイズフィルタ（ベイジアンフィルタ）」ともよばれる。

最近では，見分けがつきにくい巧妙な迷惑メールもふえている。フィルタをすり抜けたものを人間が「迷惑メール」と判定すると，迷惑メールフィルタのプログラムはその情報を利用し，「どの情報に注目してベイズ更新を行えば，迷惑メールと判定する事後確率が高まるのか」を新たに学習する。これにより効果的なベイズ更新が行われ，判定の精度がより高まっていく。

また，大量のデータを学習することで，判定や分類の精度が上がり（最適化され）“賢く”なるAIにも，ベイズ統計が活かされている。AIは，身近なところでは検索エンジンや翻訳，画像認識などに利用されている。

四つの出来事についての因果関係を示した ベイジアンネットワーク（↓）

ベイジアンネットワークとは，ある出来事の原因と結果（因果関係）を図と確率で可視化したものだ。下の例では，芝がぬれる原因は「スプリンクラーが作動する」と「雨が降る」の二つである。雲が出れば雨が降る確率が上がり，雲が出なければスプリンクラーが作動する確率が上がる。ベイジアンネットワークでは，芝がぬれていたときに雲が出ていた確率も，ベイズの定理を応用して計算することができる。

下の例は四つの出来事（ノード）で構成された単純なものだが，ピッツバーグ大学で開発された肝臓病（肝障害）を診断するためのベイジアンネットワークは，94のノードで構成されている。患者の入院歴や飲酒歴，各種の検査数値，症状などをベイジアンネットワークにあてはめると，原因と症状の因果関係や，そもそも肝臓病であるかなどといったことが高い精度で診断できるため，医者は治療方針を選びやすくなる。また，多くのデータが入力されることで，それまで不明だった肝臓病の確率（事前確率）が，より信頼できる確率（事後確率）へと更新されていく。

主観を情報として使える「ベイズ統計」

ベイズ統計の“ベイズ”とは，ベイズの定理をみちびきだした18世紀のイギリスの数学者，トーマス・ベイズ（1702～1761）に由来する。ベイズ統計は近年注目を集めているが，実は250年以上も前に誕生した学問なのだ。

ベイズ統計では，ほかに根拠となるデータがなければ，消極的にではあるものの，主観的な予想（主観確率《しゅかんかくりつ》）をデータとして認めてよいという「理《り》由《ゆう》不《ふ》十分《じゅうぶん》の原則」がある。主観確率とは，「この雲だと，雨が降る確率は経験的に40%くらいだろう」「○○が好きなら△△県出身だろう」などといったように，個人的な予想や信念などにもとづく確率のことだ。つまり，あとから情報（条件）が追加されると，確率は更新されてどんどん正確になっていくのだから，最初は多少あいまいでもかまわないというのがベイズ統計なのだ。

このような“あいまいさ”から，ベイズ統計は，いわゆる伝統的な統計学の研究者から「厳密さを欠く数学」として強い非難を浴びた。しかし，そのあいまいさこそが，広い応用範囲につながる長所であると認識されるようになったのは，20世紀に入ってからである。

🍎トーマス・ベイズとその住居（→）

ベイズの肖像画と，イギリスのタンブリッジ・ウェルズという町に残る，ベイズが暮らしたとされる住居。ベイズは数学者として生涯に1本だけ論文を残しているが，そこにはベイズの定理の原型となる確率の考え方が記されていたという。彼はそれを公表することなくこの世を去ったため，友人のリチャード・プライスによって，1763年に出版・公開された。それが，フランスの数学者ピエール＝シモン・ラプラス（74ページ参照）の目にとまり，ラプラス自身が，結果から原因の確率を考える「逆確率（ぎゃくかくりつ）」の理論として発展させたことで，現在の「ベイズの定理」の形になった。

＊上の肖像画はベイズ本人として紹介されたものだが，それを疑う意見もある。

未知の現象のメカニズムにせまる「数理モデル」

サイコロは，1から6の目がそれぞれ$\frac{1}{6}$の確率で出現する。たとえばサイコロを使ったすごろくで，プレイヤーが次にどのマス目に到達するかは，この確率にもとづいて計算を行うことで，ある程度は予測することができる。

一方で，経済や社会現象，ビジネスにおける顧客の行動など，世の中にはふるまいのルールがまったくわからないものもある。このような場合，**データを用いつつ，その対象のメカニズムにせまる手続きを踏む必要がある。**これが「数理《すうり》モデル化」という作業である。

「数理モデル」とは，**現実の状況を，数式を用いて数学的にあらわしたもののことだ。**これにより，現実の世界の特定の現象について，さまざまな分析を行ったり，未来に関する予測を行ったりすることができる。前節で紹介したベイジアンネットワークやAI《エーアイ》でも，その裏では数理モデルが活用されている。

数理モデルによって可能になる分析・応用

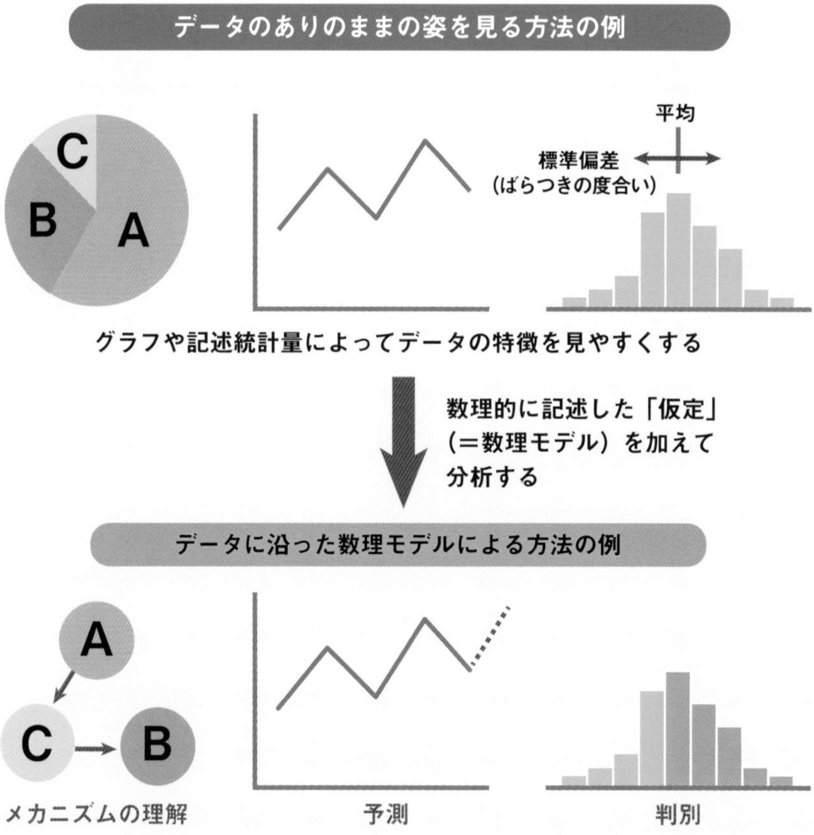

数理モデルのつくり方

数理モデル化の作業では，まず最初に対象からデータを集める(観測《かんそく》という)。さらに変数《へんすう》を選び（①)，変数の間の関係性を数式で表現し（②)，できあがった数理モデルとデータが整合するように，パラメータを調整していく（③)。

①から順にみていこう。「変数」とは，**対象の状態や量を数であらわしたものだ**。たとえば人間の身長と体重の関係について分析したい場合，身長を変数 H，体重を変数 W とすると，身長170センチメートルで体重が60キログラムの人は，$H = 170$（cm)，$W = 60$（kg）とあらわせる。

ちなみに，変数にはその特徴や役割に応じて，さまざまな名前がついている。たとえば身長や体重のように，数量をあらわすものは「量的《りょうてき》変数」という。個人の性別や好きな食べものなど，数量でないものをあらわす変数は「質的《しつてき》変数」という。

また，別の切り口として，直接測定することができる変数を「観測《かんそく》変数」，直接測定することができない変数を「潜在《せんざい》変数」という分類もある（→次節へつづく)。

データの生成と観測

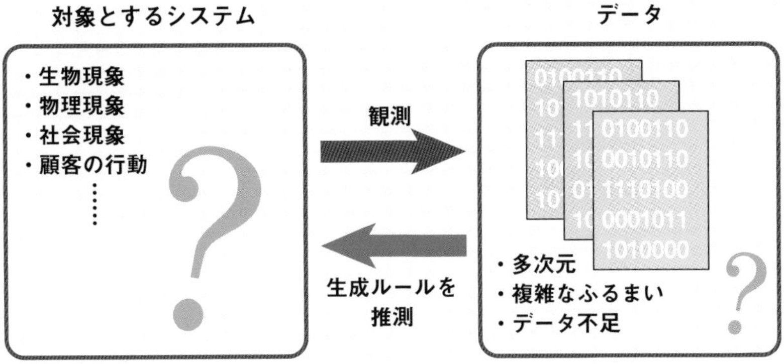

数理モデルの構造

数理モデル＝変数の間の関係性を表現したもの

変数の数理構造（方程式など）＋パラメータ

例：体重と身長の線形《せんけい》回帰モデル

W：体重　H：身長　aとb：パラメータ

$$W = aH + b$$

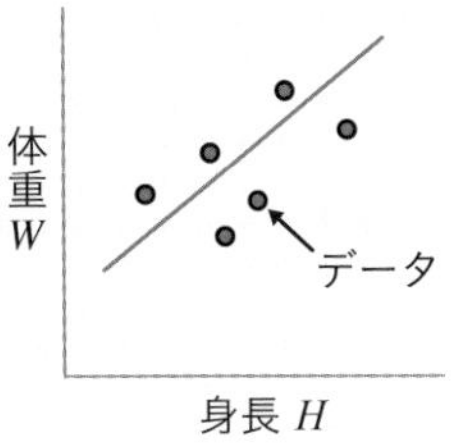

＊174〜191ページのグラフ等は，江崎貴裕『データ分析のための数理モデル入門 〜本質をとらえた分析のために〜』（ソシム）より引用した。

数理モデルは自然科学で欠かせない

次に，変数《へんすう》の間の関係性を下のような数式であらわす（②）。

$$W(\text{体重}) = a \times H(\text{身長}) + b$$

この数式は，身長が高ければ高いほど体重もふえるという関係をあらわすものだ（線形《せんけい》モデルとよばれる）。ただし，これだけでは「身長が1センチメートルふえたら，どれくらい体重がふえるか」ということは決められない。

ここで重要な役割を果たすのが，式に含まれるaとbである。これらは「パラメータ」とよばれる重要な要素で，**数理モデルで仮定した関係性のもとで，モデル（数式）が現実のデータに近づくように設定・調整する必要がある**（③）。

しかし，対象がどのようなルールにしたがってデータを生成しているのかを，厳密に知ることができない場合は多い。そんなときは，「変数の間の関係性は，このような式の形でよくあらわせるだろう」という仮定をもとに，数理モデルを構築する。そして，それがデータをよく説明するかどうかを評価することで，数理モデルのよさをはかる。

数理モデルと自然科学

物理学で登場する法則の多くは数式の形で表現されるが，これらも数理モデルの一種だ。最も有名なものに「ニュートンの運動方程式」がある。これは，**物体に力を加えるとその大きさに比例して運動が加速するという現象を記述したものだ。**

ニュートンの運動方程式は，非常に精度よく現実を記述することがわかっているが，完全に誤差のない理論ではない。このあとの節で紹介する数理モデルたちと同じように，あくまで現実のデータをよく説明する方法

変数の種類

変数＝対象の状態や量を数であらわしたもの

値の性質による分類

- **量的変数**　（例）身長，体重，BMI，…
- **質的変数（カテゴリー変数）**　（例）性別，趣味，テストの順位，…

観測できるかどうかによる分類

- **観測変数**　直接観測・測定できる（見える）変数
- **潜在変数**　直接観測・測定できない（見えない）変数

説明するか／されるかによる分類

- **目的変数（従属変数）**　説明される変数
- **説明変数（独立変数）**　説明に使う変数

の一つにすぎない。しかし，これまでに多くの自然法則が，比較的単純な数理モデルによってよく表現されるということがわかっており，それにもとづいて何かを予測したり，設計・制御したりすることができるようになっている。

自然法則を表現する方程式の多くは，**何かの時間的な変化のようすを記述する**。前述のニュートンの運動方程式であれば，「加速度（＝速度の時間変化量）と力の関係式」であるといえる。

ある量の時間変化は，その量を時間で「微分《びぶん》」したものによって表現される（ちなみに，X の時間で微分したものは $\frac{dX}{dt}$ と表現する）。したがって，数理モデルには微分が多く登場する。このあとの節でもそのような数理モデルをいくつか紹介するが，変数の微分は「変化の速さ」を考えているということだけ理解しておこう。

基礎理論としての数理モデル

自然科学の基礎方程式の例

ニュートンの運動方程式

$$m\frac{d^2r}{dt^2}=F$$

マクスウェルの方程式

$$\begin{cases} \nabla\cdot \boldsymbol{B}(t,x) = 0 \\ \nabla\times \boldsymbol{E}(t,x) + \dfrac{\partial \boldsymbol{B}(t,x)}{\partial t} = 0 \\ \nabla\cdot \boldsymbol{D}(t,x) = \boldsymbol{p}(t,x) \\ \nabla\times \boldsymbol{H}(t,x) - \dfrac{\partial \boldsymbol{D}(t,x)}{\partial t} = \boldsymbol{j}(t,x) \end{cases}$$

微分は何かの変化量をあらわす

微分＝何かの変化の速度，何かの傾き，…

➡ **重要な変数としていろいろなところに登場**

ニュートンの運動方程式で表現できない運動

ニュートンの運動方程式は多くの場合，非常に精度よく成り立つが，万能ではない。相対性理論によると，物体の速度は光速（=299,792,458 m/s）をこえることができない。ニュートンの運動方程式にしたがうと，力を加えつづければいくらでも速度を上げることができるので，矛盾が発生してしまう。つまり，速度が非常に速い状況では，ニュートンの運動方程式は精度よく成り立たないのである。たとえば，人工衛星は地球のまわりを非常に高速で飛びまわっているが，相対論的な補正が用いられている。

仕事のパフォーマンスと睡眠不足の関係は？

睡眠不足は身体にさまざまな悪影響を及ぼすことが知られている。ここでは仮想的な例として，睡眠不足が仕事のパフォーマンスにどう影響するかを調べる方法についてみてみよう。

ふだん8時間睡眠をとっているAさんとBさんについて，睡眠時間を減らしていったらどうなるかという実験を行った。すると，睡眠不足の時間数がふえるにしたがい，どんどん仕事の効率が下がっていくデータが取得できた（右ページ下）。この下がりぐあいを線形《せんけい》モデルで表現すると，次のようになる。

$$\boldsymbol{Y}\text{（仕事のパフォーマンス）} = \boldsymbol{a} \times \boldsymbol{X}\text{（睡眠不足の時間数）} + \boldsymbol{b}$$

数理モデルを使って別の分析をすることも

AさんとBさんについて，別々に数理モデルを作成した。具体的には，数理モデルがデータに一致するようにパラメータ$\boldsymbol{a}$と$\boldsymbol{b}$の値を調整した。

ここでパラメータである$\boldsymbol{a}$の意味を考えてみよう。これは，**「睡眠が1時間減るごとに，どれだけパフォーマンスが落ちるか」をあらわす量になっている。つまり，このパラメータの値を見れば，その人がどれだけ睡眠不足に弱いかを特徴づけることができるのである。**

今回の例では，Aさんの数理モデルでは$\boldsymbol{a} = -7.1$，Bさんの数理モデルでは$\boldsymbol{a} = -3.3$となった。したがって，Aさんのほうが睡眠不足に弱いということが結論づけられる（データの量が少ない場合は，統計的な検定を行うなどの分析が必要になるが，ここでは考えなくてよいものとする）。

このように，数理モデルを使うと，データのふるまいをうまく特徴づけて分析を行うことができる。今回は簡単なモデルを使って解説を行ったが，線形モデルでデータがうまく説明できない場合には，より複雑な形の式を利用して分析を行うことも可能である。

データの精度と一致する数理モデルをつくりあげる

右図は，AさんとBさんの睡眠不足の時間と仕事のパフォーマンスの関係を明らかにしたものだ。このようにデータを精度よく表現する数理モデルは，対象についてさまざまなことを教えてくれる。しかし一方で，データにあてはまらないモデルを利用してしまうと，結果として出てくる情報には何の価値もない。数理モデルはデータと精度よく一致して，はじめて役に立つのだ。

仕事のパフォーマンスが
睡眠不足で悪化することをモデル化した例
仕事のパフォーマンス
睡眠不足［時間］
Bさん
Aさん
Y=-3.3X+103
Y=-7.1X+107
線形モデル Y=aX+b で表現
仕事のパフォーマンス
睡眠不足の時間数
パラメータa：睡眠時間が1時間減るとどれくらいパフォーマンスが落ちるか
Aさん：a=-7.1
Bさん：a=-3.3

車の速度と車間距離の関係を数理モデル化する

高速道路のような信号のない道では，とくに事故が発生していなくても自然に渋滞が発生することがある。このような「自然渋滞」は，道路が混雑し，車の台数が1キロメートルあたり25台をこえると発生することがわかっている。

車の運転速度と車間《しゃかん》距離は，つねに変動している。車間距離が短くなると，前の車の速度の変動が，うしろの車の速度に影響をあたえるのだ。この変動がつらなるようにして増幅されることが，自然渋滞の原因となる。つまり1台1台の車が集まってはじめて，全体として自然渋滞という現象をつくりだしているのだ。このような現象を「集団現象」という。

集団現象は多くの要素のからみ合いによって生じるので，一目で分析するのがむずかしい。**しかし数理モデルを使うことで，そのメカニズムを明らかにすることができる。**

車の運転の仕方を数式であらわす

たとえば道路がすいていた場合，あなたは一定の速度で車を走らせるだろう。しかし，道路が混んできたらどうだろうか。車間距離が詰まってくるので，速度を少し落として走行するのではないだろうか。さらに車間距離が詰まってくれば，人間が歩くほどのゆっくりした速度で，ノロノロと走るはずだ。つまり，車間距離の長さと運転速度は，関係しているといえる。そして，ここから車間距離と速度の関係を，ある数式を使って数理モデル化することができる（右ページ下）。

ここで，このような運転の仕方をする車（粒子）をたくさん並べて，実際に動きをシミュレートしてみる。すると，道路が混雑した状況では自然に渋滞が発生する。つまり，**このような運転の仕方をする車がつらなっていると，一定の条件さえ満たせば自然に渋滞が発生するということがわかるのである。**さらにこの数理モデルを数理的に分析すれば，渋滞が発生・成長していくメカニズムを調べることもできる。

「集団現象」と数理モデル

個々の要素のふるまいは比較的単純なのに，それらが集まると全体として理解できない複雑な現象がおこるという状況は，しばしば発生する。このようなとき，数理モデルが役に立つ。うまく数理モデル化することができれば，モデル化した本人も気づいていなかったような，不思議な現象がおこることを教えてくれる場合もある。

自然渋滞をモデル化した例

自然渋滞の発生

それぞれの車の運転手のアクセル操作をモデル化

このモデルにしたがって，
仮想的な車たちを動かしてみる

数理モデルの中でも自然に渋滞が発生！

1台1台の車の動きをモデル化

（例）最適最速モデル

$$\dot{x}_i = v_i$$
$$\dot{v}_i = a(V(v_{i+1} - x_i) - v_i)$$

数式の意味

- 前の車との車間が詰まってきたら速度が遅くなるように減速する
- 車間が十分あいていれば最高速度を維持する

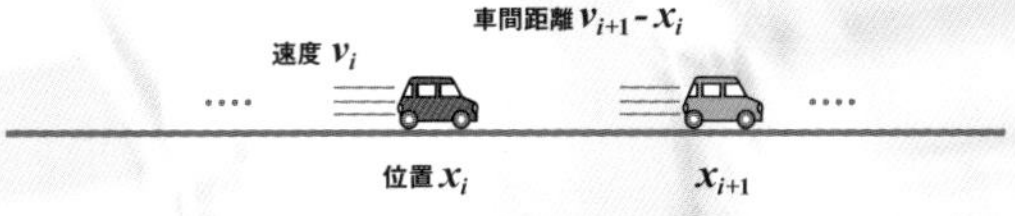

モデル化で仮定した速度の調整の仕方が自然渋滞を生みだす

さらにモデルを理論的に解析することで…

- 渋滞発生のメカニズム
- どのような条件で渋滞発生するか

がわかる

2種類の個体の数が増減するようすを表現した「ロトカ・ヴォルテラモデル」

自然界のあらゆる生物は，食物連鎖の中に位置している。実は，このような問題を考えるときにも，数理モデルが活躍する。

たとえば，ライオンとシマウマの関係性について考えてみよう。ライオンは，シマウマを食べる「捕食者」だ。一方シマウマは，ライオンに食べられる「被食者」となる。

ライオンがシマウマをたくさん食べると，シマウマの数が減り，ライオンの数がふえる。しかししばらくすると，シマウマが少なくなったせいでライオンが餓《う》え，ライオンの数が減る。すると，天敵が減ったことで，今度はシマウマの数がふえはじめる。食う・食われるの関係性がある動物の数（個体数）は，おたがいに密接に関係しているのだ。なお，実際にはライオンとシマウマ以外の動物も存在するので，より複雑な状況となっ

ロトカ・ヴォルテラモデル（方程式）

被食者（食われる）の個体数変動

$$\frac{dx}{dt}=x(r-\underline{ay})$$

被食による減少

捕食者（食う）の個体数変動

$$\frac{dy}{dt}=y(-s+\underline{bx})$$

捕食による増加

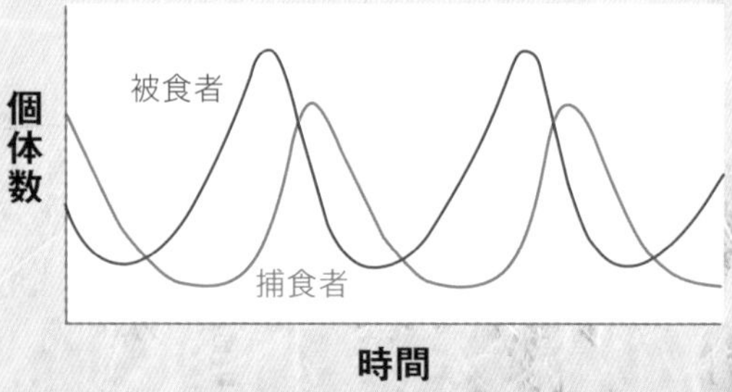

ライオン（捕食者）とシマウマ（被食者）の個体数をそれぞれx, yとする。このxとyは，時間によって変化する変数だ。二つの動物の個体数のふえ方・減り方（変数の時間変化の速さ）は，個体数の微分で表現される。

ている。

　このように，**食う・食われるの関係にある二つの動物の個体数が，どういうふえ方・減り方をするのかを記述した数理モデルが，「ロトカ・ヴォルテラモデル（方程式）」である。**このモデルにしたがって，二つの動物の個体数がどう変化するかを示したのが，左ページ下のグラフだ。この例では，どちらの動物もふえたり減ったりをくりかえすが，両方の動物が絶滅せずに維持されているようすがわかる。

　ちなみに，もしライオンがシマウマを食べすぎて絶滅させると，今度はライオンのエサがなくなってしまうので，ライオンも絶滅してしまう。このようすも，ロトカ・ヴォルテラモデルで表現することができる。

　ロトカ・ヴォルテラモデルのように，**変数の時間変化を直接記述したモデルを「力学系《りきがくけい》モデル」という。**感染症の数理モデルとして知られる「SIR《エスアイアール》モデル」も，力学系モデルの一種である。SIRモデルでは，現在の感染者数が多ければ多いほど，新規感染者の増加スピードが速くなるという方程式を立てて，分析していく（→190ページで解説）。

AIにも活用されている学習行動の数理モデル

私たち人間を含む多くの生物は，試行錯誤をくりかえして行動を学習するが，このようなプロセスはAI《エーアイ》にもよく利用される※。具体的には「強《きょう》化《か》学習《がくしゅう》」とよばれ，AIは“経験”から価値の高い選択肢を学び，しだいにより最適な結果を選びだせるようになる。

強化学習には，さまざまな手法がある。次のようなゲームを考えてみよう。今，二つのカードの山AとBがあり，あなたは一方の山からカードを引く。カードには数字がランダムに書かれているので，それがあなたの得点として加算されていく。

実は，片方の山のカードには平均して大きい数字が書いてある。それがAとBのどちらであるかがわかれば，あなたはこのゲームを有利に進めることができる。しかし，最初の時点ではまったく情報がないので，あなたはとりあえずカードを引いてみるしかない。

AとBそれぞれの山から1回ずつカードを引いたところ，Aの山のほうが大きい数字が出た。このとき，Aのほうが“有利な山”のように思えるが，もしかしたらBのほうが有利な山なのに，そのときはたまたまAで大きい数字が，Bで小さい数字が出ただけかもしれない。

もう少し引いてみよう。さらに，Aで大きい数字が得られたとする。これで，Aのほうが有利な山である可能性が高まった。つまりこのゲームでは，カードを引くたびに，その時点で推定されるそれぞれの山の価値が変化していくといえる。

最適解を学ぶ「Q学習」

これを数理モデル化したのが，右ページの図である。カードを引くたびにそれぞれの山の価値がアップデートされ，その価値にもとづいて，次に引くカードが決められる。

このモデルを実際に動かすと，価値が高いと推定されたほうの山からは徐々に多くのカードが引かれるようになり，最終的にはその山からしかカードが引かれなくなる。

なお，このような数理モデルは「Q《キュー》学習」とよばれ，人間や動物の実際の行動を説明するのにしばしば利用される。

※：チェスや囲碁，将棋などでは，AIが人間のプロをもしのぐ実力を見せつけているが，それらの多くは強化学習の考え方を利用してつくられている。

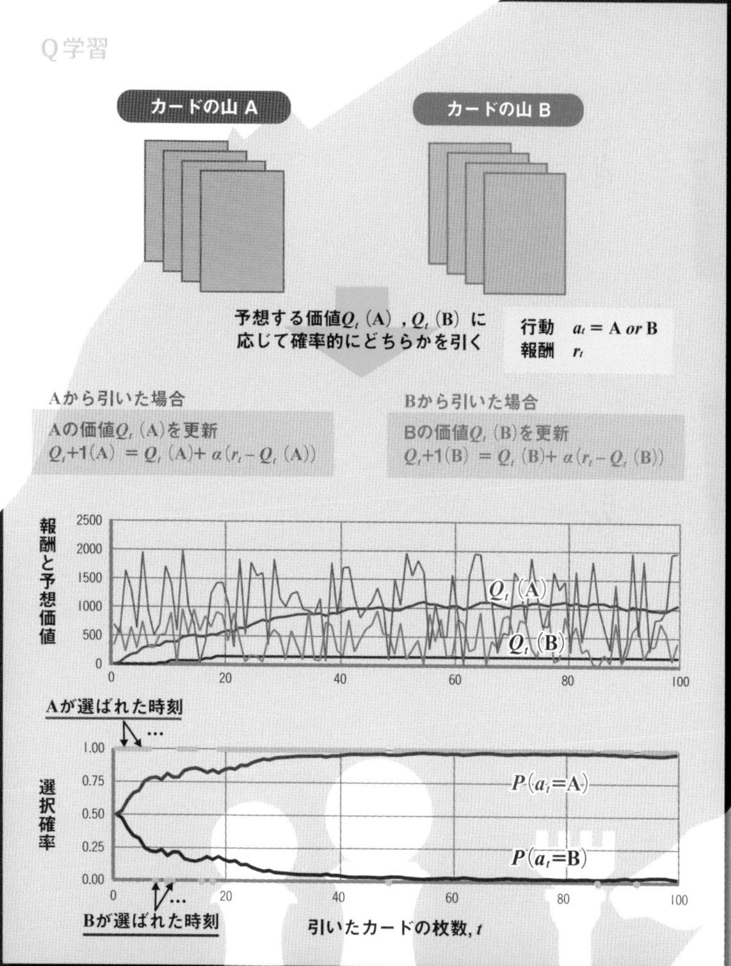

それぞれの山の価値をQ（A），Q（B）とし，カードを引くたびに，上に示した式によって価値を更新していく。想定より高い得点が得られた場合は，山の価値をより高い値に更新する。反対に，想定よりも低い値が出た場合は，より低い値に更新する。その時点でのそれぞれの山の価値に応じて，確率的にどちらからカードを引くかが決められる（行動の最適化）。下段のグラフは，この「そのときの山の価値」と「選択確率」の推移を示したものである。

数理モデルの精度を決める「パラメータ値の設定」

数理モデルが現実をよく再現するためには，データと突きあわせながら適切なパラメータの値を決めなくてはならない。この作業を「推定《すいてい》」という。正しい推定の作業を行わずにパラメータの値を適当に設定すれば，モデルとデータが一致することは当然保証されない（右ページ下）。

よい数理モデルとは，対象から観測されるデータとよく一致するモデルのことである。すなわち，**データの点と数理モデルが近ければ近いほど，よく現象をとらえているといえる**。これを達成するために，データと数理モデルの離れぐあい，すなわ

ち「誤差《ごさ》」を計算する。

誤差の計算方法にはさまざまなものが知られているが，たとえば数理モデルが予測する値と，実際のデータとの差を2乗して平均したもの※は「平均二乗誤差」とよばれ，数理モデルの推定では広く活用されている。誤差をどのように定義するかで，推定されるパラメータの値がかわることもよくある。

パラメータの数が少ない場合には，簡単にパラメータの推定を行うことができるが，AI《エーアイ》の構築に利用される深層《しんそう》学習モデル（ディープラーニング，機械学習の一種）などのように，多くのパラメータが含まれる場合には，大きな計算コストがかかることもしばしばある。このような場合は，いかにして効率的に適切なパラメータの値を見つけるかが重要であるため，さまざまな工夫《くふう》をほどこした方法が開発されている。

※：単に差を足し算するのではなく，2乗することでプラス方向の誤差とマイナス方向の誤差が打ち消しあってしまうことを防ぐ。

パラメータ値の調整

数理モデルとデータをよく一致させるためには，誤差ができるだけ小さくなるようにパラメータの値を調整する必要がある。パラメータの「良さ」を評価し，推定の足がかりとなるのが，「目的関数（もくてきかんすう）」である。推定値と実際のデータの差から算出されるもので，使用する数理モデルのタイプや問題に応じてさまざまなものが用いられる。

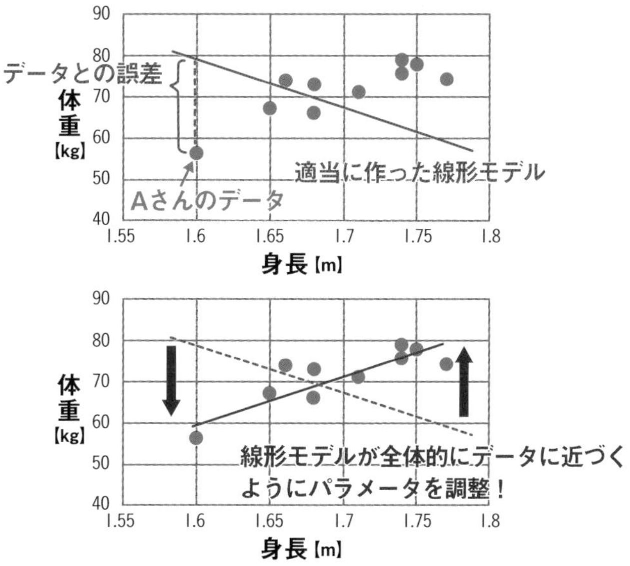

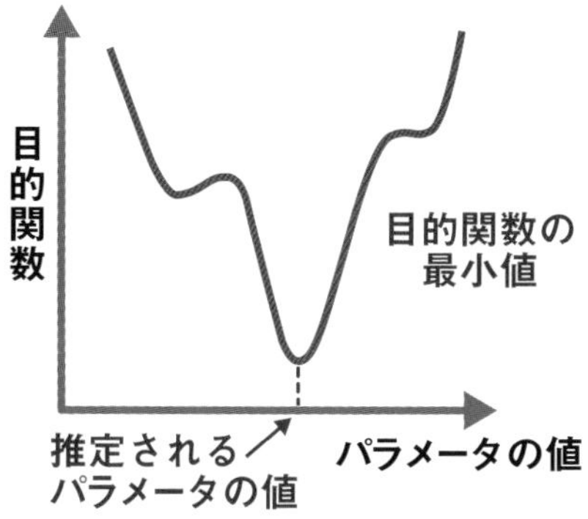

目的関数：データとの「誤差」
- 平均二乗誤差
- 平均絶対誤差
- …

確率・統計モデルに利用可能
- 対数尤度（ゆうど）
- KL情報量
- 交差エントロピー
- …

幅をもってパラメータ値をとらえる「ベイズモデリング」

ベイズ統計の考え方を取り入れた数理モデル化を「ベイズモデリング」という。

ここまで，**パラメータは一つの値として決まっていることを前提として**解説を進めてきた。この考え方にもとづいて，パラメータの値を推定することを「点推定《てんすいてい》」という。一方，ベイズモデリングでは，パラメータは「確率的に決まる」ととらえる。つまり，**パラメータ値の確率分布を求めることによって，推定を行うのである。**

今，$\boldsymbol{p}(\theta)$ という確率分布を考えてみよう。事前の調査から，「パラメータ θ《シータ》 はこれくらいの値である」ということがわかっ

事前分布と事後分布

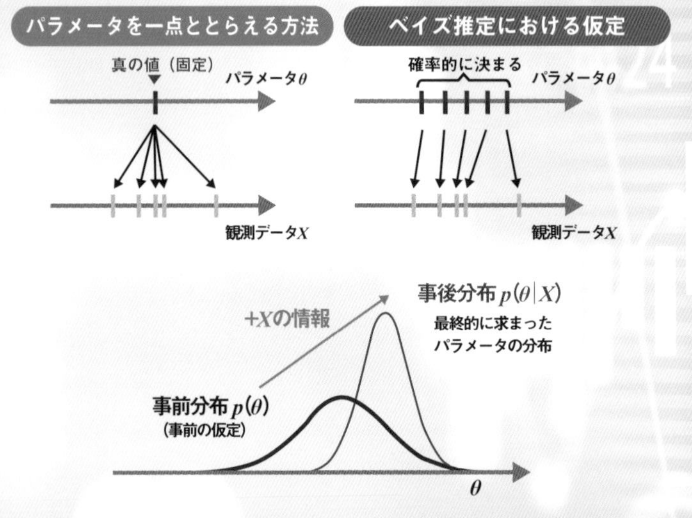

事後分布は，ベイズの定理にもとづいて計算することができる。ただし多くの場合，この計算を数式上で実行することができないので，コンピュータを用いる。点推定を行うよりも高度な手続きが必要となるが，最近では比較的簡単にこの計算を行うツールも整備されている。

ている。その知識をふまえ，仮定した$\boldsymbol{p}(\theta)$（パラメータの確率分布）を「事前《じぜん》分布《ぶんぷ》」という。

対象から新しくデータが得られると，今度はその情報を使って$\boldsymbol{p}(\theta)$を更新する。この更新された$\boldsymbol{p}(\theta)$を「事後《じご》分布」という。これにより，ラフに仮定していたパラメータ値が，よりデータにもとづいたものにアップデートされる。

ベイズモデリングの利点

ベイズモデリングでは，事前の知識や期待を情報として利用することができる。このため，データが少ない場合でも，安定してパラメータ値の推定を行うことができることがある。また，パラメータを分布として仮定するので，より自由なモデリングが可能になる（考えている対象において，パラメータのばらつきを考えるなど）。

ベイズモデリングはその実用性の高さから，さまざまな場面で利用されている。

感染症対策の重要ツール「SIRモデル」

現在，新型コロナウイルス（COVID-19）が世界中で猛威をふるっている。私たちはテレビやインターネットを通じて，国内外で試算されるさまざまなシミュレーションを目にするが，その多くは「SIR《エスアイアール》モデル」という数理モデルを基礎に，年齢層別の人口比など多くの要素を加味したものである。

感染状況の推移を見通すうえで重要な値が，「基本再生産数《きほんさいせいさんすう》」である。これは，一人の感染者から平均して生じる二次感染者の数で，「R_0」（アールノートと読む）であらわす。R_0が1より小さければ感染者数は減っていき，感染症の封じこめにつながる。反対にR_0が1より大きければ，感染は拡大していく。

SIRモデルでは，右ページ下のように人口を，S（Susceptible：感受性保持者），I（Infected：感染者），R（Recovered：回復／Removed：隔離者）の三つに分ける。

流行前は，全員が病原体に感染しうる（感受性をもつ）Sだ。やがて，Sの一部が感染してIになり，Iがふえていく。Iは一定の時間がたつと回復し，あるいは隔離されてRになる（Rは死亡者も含む）。Rは免疫《めんえき》を獲得す

基本再生産数「R_0」

右図は，基本再生産数R_0と感染拡大・縮小の関係をあらわしている。一人の感染者が感染源となりうる期間（感染から回復・隔離までの期間）を「感染性期間」という。一人の感染者が感染性期間に平均して生じさせる二次感染者の数が，基本再生産数R_0だ。

$R_0 = 1$のとき（上段），感染者数はふえも減りもせず，流行は発生しない。$R_0 < 1$のとき（中段），感染者数は減っていき，この状態がつづけば流行はいずれ終息する。そして$R_0 > 1$のとき，感染は拡大しつづけることになる。たとえば$R_0 = 2$のとき（下段），世代を経るごとに感染者数は倍増していく。10世代目の感染者数は，$R_0 = 1.1$なら$1.1^{10} \fallingdotseq 2.6$倍，$R_0 = 2$なら$2^{10} = 1024$倍，$R_0 = 2.5$なら$2.5^{10} \fallingdotseq 9537$倍にふえる。このように，$R_0$の値が大きくなるほど爆発的な感染拡大がおきる。

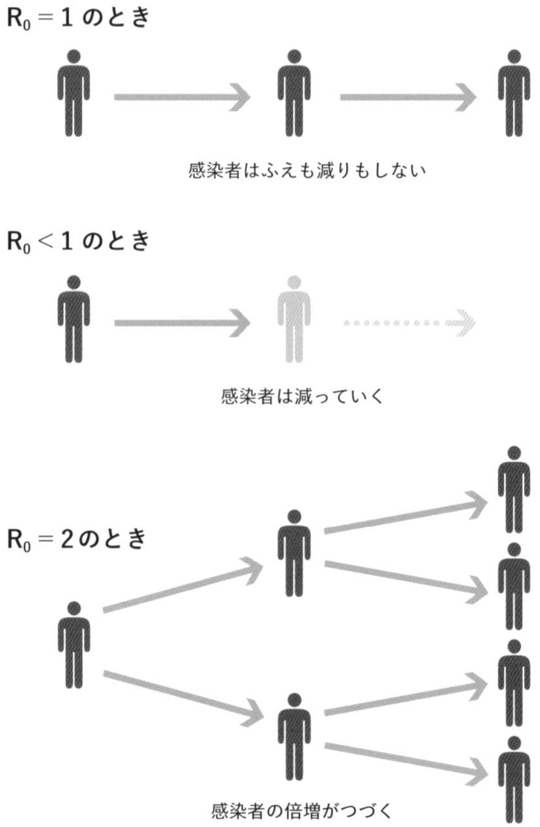

れば（あるいは隔離されれば）もはや感染せず，感染源にもならないため，Rが多くなればIは減少して流行は終息する。SIRモデルを応用すると，どれくらいの人口が免疫を獲得してRに移行すれば流行が終息するかが推定できる。

新型コロナウイルスの基本再生産数

新型コロナウイルス感染症の場合では，人と人との接触をできるかぎり減らし，手洗い・消毒などの対策を徹底すれば，R_0の値は小さくなることがわかっている。逆に，換気が悪く（密閉），大勢が集まり（密集），近距離で会話する（密着）条件が重なる，いわゆる「三密《さんみつ》」の状態になると，R_0の値は高まることもわかっている。

新型コロナウイルスの基本再生産数は，流行初期の段階では1.5～3.5と推定されていた。人口の6～7割が免疫を獲得することで（集団免疫とよぶ），流行が終息すると推定する専門家もいる。ただし，免疫の獲得を自然の感染にまかせればIが大きくなるので，犠牲が大きくなる。ワクチンの早期接種が重要視されているのはこのためだ。

なお，ワクチン接種率の目標値算出にも，数理モデルが活用されている。

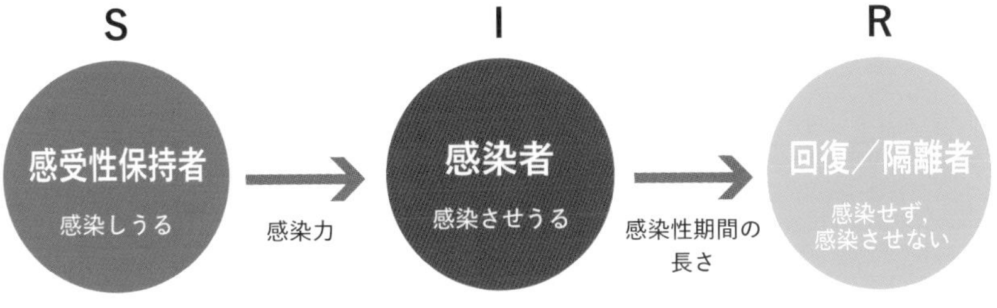

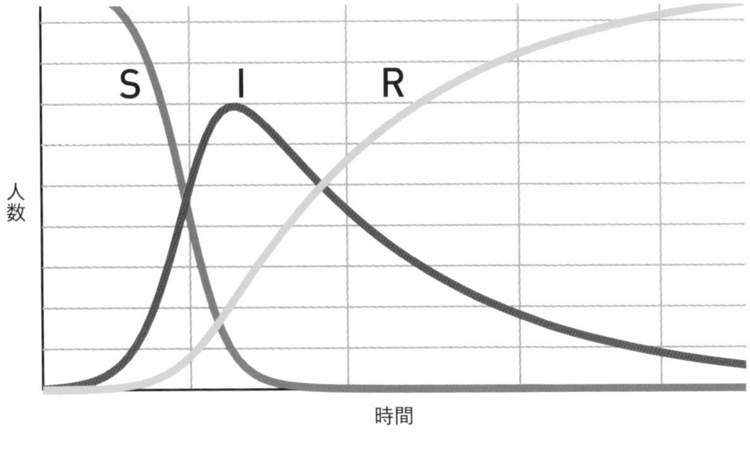

SIRモデルで感染を考える

SからIへの移行はIの量や接触回数を反映した「感染力」，IからRへの移行は「感染性期間の長さ」で決まり，両者によってR_0が決まる。Iは初期には指数関数的に増加してピークに達し，回復・隔離とともに減少していく（流行曲線）。

巻末付録

監修　今野紀雄
執筆　今野紀雄（194～195ページ，198～199ページ）

巻末では，確率や統計を理解するうえで重要なポイントをまとめた。これまでの章でわかりにくい部分があったと感じた人は，以降のページを読んでから，あらためてその部分を読んでみてほしい。また，204ページに「標準正規分布表」，205ページに「t 分布表」，206ページに「乱数表」を掲載したので，さまざまなシーンで役立ていただけると幸いである。

確率のポイント
「標本空間（標本点）と事象」

確率の正しい理解は，用語を正しく知ることからはじまる。ここでは，三つの確率の基本用語をおさえておこう。

標本点と標本空間

1枚のコインがある。このコインを1回投げると，結果は「表」か「裏」しかない。このような**可能な個々の結果を「標本《ひょうほん》点《てん》」といい，その全体の集合を「標本空間」とよぶ。**

標本空間はふつう,「Ω（オメガの大文字)」の記号であらわされる。コインを1回投げたときの例だと，標本空間は，

Ω＝｛表，裏｝

となる。この場合，標本点はもちろん「表」や「裏」である。

では，サイコロを1回投げたときはどうだろうか。このときの標本空間は，

Ω＝｛1，2，3，4，5，6｝

となる。この場合，標本点は「1」，「2」，…，「6」である。

標本空間

標本空間とは，おきうる個々の結果をすべて含む集合のことである。コインを1回投げたときの標本空間Ωは｛表，裏｝，サイコロを1回投げたときの標本空間Ωは｛1，2，3，4，5，6｝となる。

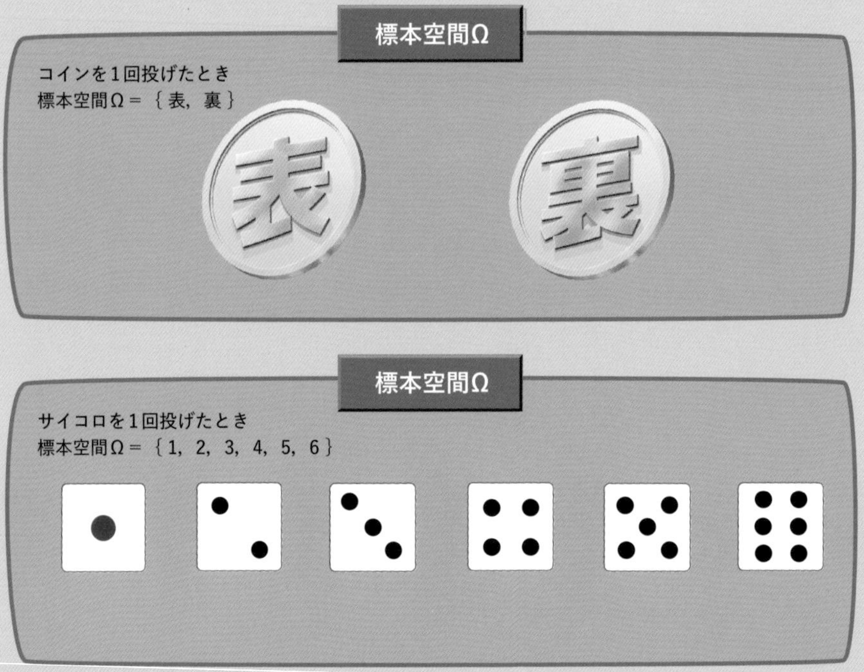

事象

標本点だけだと，サイコロの場合「1の目が出る確率」「2の目が出る確率」…のようなものしか考えられない。より複雑な事柄がおきる確率を考えたいときには,「事象《じしょう》」という概念が必要になる。

確率論でいう事象とは，おきうる事柄のことだ。たとえば，宝くじなどでは「1等が当たる」「2等か3等が当たる」「はずれる」などに相当する。

冒頭のコインを1回投げる例では，標本空間は，Ω = ｛表，裏｝であった。このときの事象は，どうなるだろうか。

一般に，標本空間に含まれる集合（部分集合）が，事象である。事象は標本空間の部分集合なので，コインを1回投げる例では，次の4種類が存在する。

ϕ，｛表｝，｛裏｝，｛表，裏｝

最初に出てくるϕは「ファイ」と読み，**標本点を一つも含まない，決しておきない結果の事象のことだ。この事象は「空事象《くうじしょう》」とよばれる。**

最後の｛表，裏｝は，**標本空間Ωに一致しているので，とくに「全事象《ぜんじしょう》」とよばれる。**

事象

事象とは，標本空間に含まれる集合（部分集合）のことである。標本点を一つも含まない事象は「ϕ」とあらわされ，空事象とよばれる。標本空間Ωに一致する事象は，全事象とよばれる。

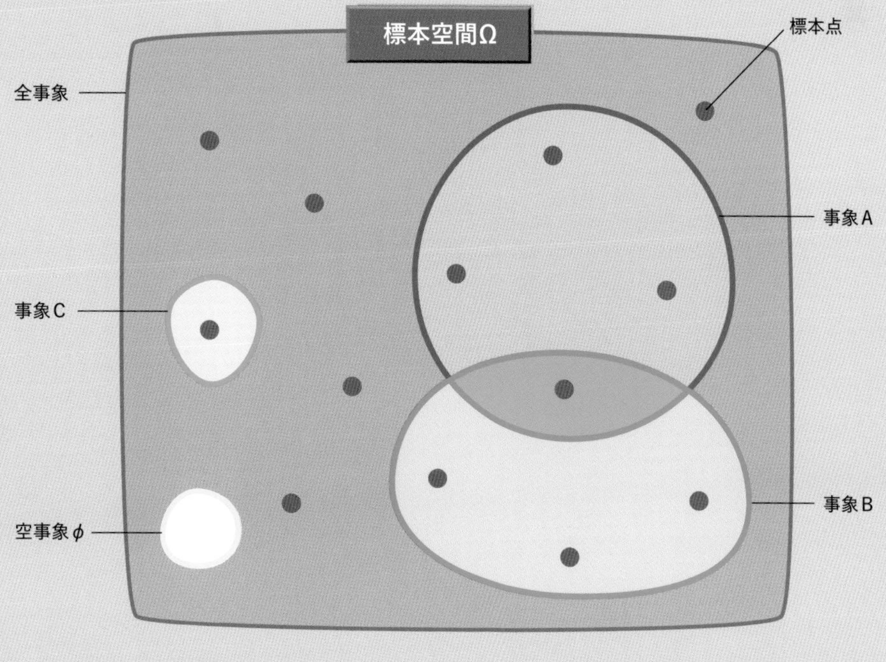

確率のポイント
「式や法則のまとめ」

事象の確率

ある事象（おきうる事柄）を**A**とするとき，**A**がおきる確率を，数学では記号**P**を使って下のようにあらわす。式の中にある「場合の数」とは，おこりうるパターンの数のことだ。

$$\text{Aがおきる確率} = P(A) = \frac{\text{Aがおきる場合の数}}{\text{おこりうるすべての場合の数}}$$

積の法則

Aと**B**が，たがいのおこり方に影響をあたえない（独立である）とき，**A**と**B**がともにおきる確率は，下のようにかけ算（積）であらわせる。なお，「**A**と**B**がともにおきる」という事象は，「∩」という記号を使って**A∩B**（エー・キャップ・ビー）と書く。

$$\text{AとBがともにおきる確率} = P(A \cap B)$$

$$= P(A) \times P(B)$$

和の法則

Aと**B**の少なくとも一方がおきる確率は，下のように足し算（和）であらわせる。なお，**A**と**B**が同時におきない（排反である）とき，「**A**と**B**の少なくとも一方がおきる」という事象は「∪」という記号を使って**A∪B**（エー・カップ・ビー）と書く。

$$\text{AとBの少なくとも一方がおきる確率}$$

$$= P(A \cup B) = P(A) + P(B)$$

余事象

「**A**がおきない」という事象のことを，**A**の余事象（よじしょう）という。**A**の余事象は，高校の数学では，事象をあらわすアルファベットの頭に横棒をつけて$\overline{\mathrm{A}}$（エー・バー）と書く。$\overline{\mathrm{A}}$の余事象の確率は$\mathrm{P}(\overline{\mathrm{A}})$と書き，その値は1から$\mathrm{P}(\mathrm{A})$を引くことで求められる。

$$\text{Aの余事象の確率} = \mathrm{P}(\overline{\mathrm{A}}) = 1 - \mathrm{P}(\mathrm{A})$$

順列

n個の中からr個を選び，順番に並べるときの場合の数を「順列」という。順列は，記号**P**を使って右のようにあらわす。

$$\begin{array}{c}n\text{個から}r\text{個を}\\\text{選んで並べる順列}\end{array} = {}_n\mathrm{P}_r = \frac{n!}{(n-r)!}$$

組み合わせ

n個の中からr個を選ぶときの場合の数を「組み合わせ」という。組み合わせは，記号**C**を使って右のようにあらわす。

順列とはことなり，順番は関係ない。

$$\begin{array}{c}n\text{個から}r\text{個を}\\\text{選ぶ組み合わせ}\end{array} = {}_n\mathrm{C}_r = \frac{n!}{r!(n-r)!}$$

期待値

おこりうるすべての事象1～nについて，それぞれの事象がおきる確率（p_1～p_n）と，その事象がおきたときに得られる値（x_1～x_n）を掛け，それらをすべて足しあわせたものを「期待値」という。

たとえばギャンブルでは，期待値は「1回の勝負で獲得できると期待される金額の平均値」といえる。

$$\text{期待値} = x_1 \times p_1 + x_2 \times p_2 + x_3 \times p_3 + \cdots\cdots + x_n \times p_n$$

確率のポイント
「排反事象と加法定理」

事象Aと事象Bが共通部分をもたないとき，すなわち，

$$A \cap B = \phi$$

の場合，一方がおきれば，他方は決しておきないので，**事象Aと事象Bは「排反《はいはん》事象《じしょう》」であるという。**

たとえば，コインを1回投げる場合を考える。事象A，Bを以下のようにすると，

A＝表が出る＝｛表｝
B＝裏が出る＝｛裏｝

明らかに事象Aと事象Bは同時におきないので，排反事象である。また，たしかに，

$$A \cap B = \phi$$

が成立している。

また，サイコロを1個投げる場合に，

A＝ 奇数の目が出る
＝｛1，3，5｝
B＝ 偶数の目が出る
＝｛2，4，6｝

とすると，事象Aと事象Bは同時におきず，

$$A \cap B = \phi$$

である。すなわち，事象Aと事象Bは排反事象となる。

排反事象の加法定理

ところで，**一般に事象Aと事象Bが排反事象のとき，以下の関係が成り立つ。これは「加《か》法《ほう》定《てい》理《り》」とよばれる。**

$$P(A \cup B) = P(A) + P(B)$$

なぜなら，事象Aと事象Bが排反事象のとき，Aの標本点の個数 $|A|$ とBの標本点の個数 $|B|$ を加えると，$A \cup B$ の標本点の個数 $|A \cup B|$ に一致するので，

図1

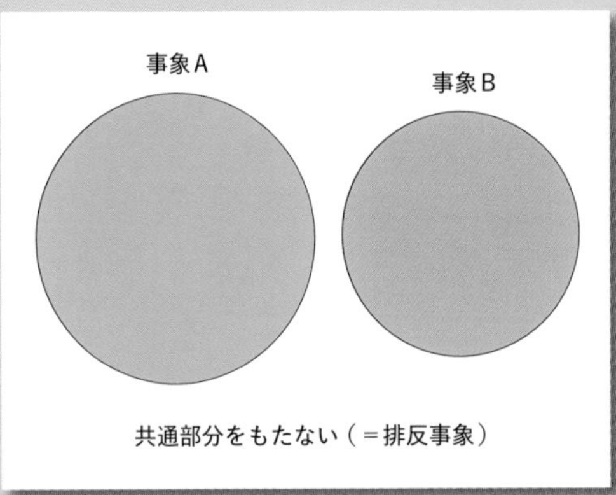

事象Aと事象Bが共通部分をもたない（排反事象である）とき，$|A \cup B| = |A| + |B|$ が成り立つ。

図2

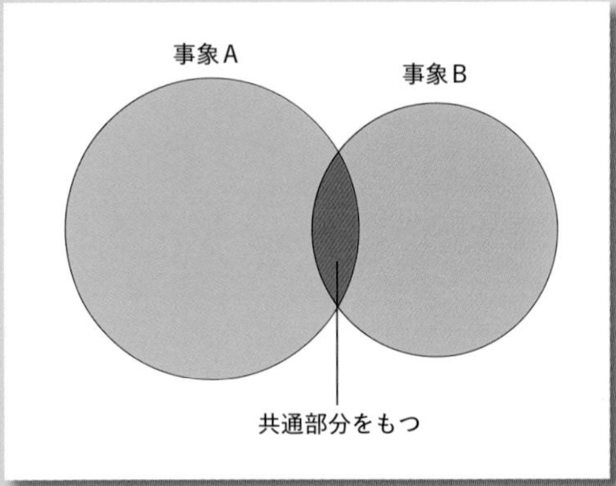

事象Aと事象Bが共通部分をもつ（排反事象でない）とき，$|A \cup B| = |A| + |B| - |A \cap B|$ が成り立つ。

$$|A \cup B| = |A| + |B|$$

が成立する。これは，左ページ下の図1を見るとよく理解できる。

したがって，両辺を全事象の標本点の個数 $|\Omega|$ で割ると，

$$\frac{|A \cup B|}{|\Omega|} = \frac{|A|}{|\Omega|} + \frac{|B|}{|\Omega|}$$

確率の定義（$P(A) = \frac{|A|}{|\Omega|}$）を用いると，求める式，

$$P(A \cup B) = P(A) + P(B)$$

が得られる。

たとえばサイコロを1回投げたとき，事象A，Bをそれぞれ，

A＝奇数の目が出る
　＝｛1，3，5｝
B＝4以上の偶数の目が出る
　＝｛4，6｝

とすると，「奇数の目」でかつ「4以上の偶数の目」はありえないので，$A \cap B = \phi$ を満たす。したがって事象A，Bは排反事象だ。また，$P(A) = \frac{3}{6}$，$P(B) = \frac{2}{6}$ である。

一方，$A \cup B$＝“「奇数の目」あるいは「4以上の偶数の目」が出る事象”なので，$A \cup B = \{1, 3, 4, 5, 6\}$。よって，$P(A \cup B) = \frac{5}{6}$。

したがって，以下の加法定理が成立している。

$$P(A \cup B) = \frac{5}{6} = \frac{3}{6} + \frac{2}{6} = P(A) + P(B)$$

一般の加法定理

一般には，次のような関係が成り立つ。

$$|A \cup B| = |A| + |B| - |A \cap B|$$

これも，左ページ下の図2を見るとよくわかる。

したがって，両辺を $|\Omega|$ で割ると，以下の関係式が得られる。

$$P(A \cup B) = P(A) + P(B) - P(A \cap B)$$

それでは，これを用いた問題を考えてみよう（↓）。

問題

あるクラスでは，70％の人がA新聞を，35％の人がB新聞を，また20％の人がその両方を購読している。このとき，A新聞かB新聞を購読している人の割合を求めよ。

解答

A新聞を購読している割合を $P(A)$，B新聞を購読している割合を $P(B)$，両方を購読している割合を $P(A \cap B)$ とすると，それぞれ，

$$P(A) = 0.7,\quad P(B) = 0.35,$$
$$P(A \cap B) = 0.2$$

である。したがって，

$$P(A \cup B) = 0.7 + 0.35 - 0.2 = 0.85$$

すなわち，求める割合は0.85（85％）となる。

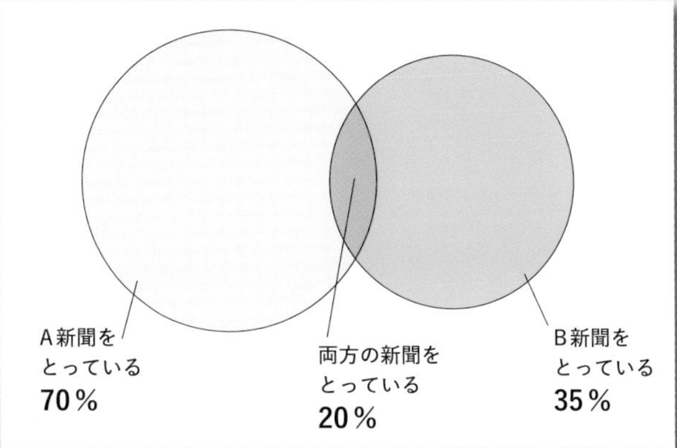

統計のポイント「式や用語のまとめ」

平均値

n個のデータ（x_1〜x_n）があるとき，それらをすべて合計したものをnで割った値が「平均値」だ（相加平均ともいう）。また，集まったデータの特徴を一つの値で代表するとき，その値を「代表値」という。平均値は，統計で最もよく使われる代表値だといえる。

$$\text{平均値} = \frac{x_1 + x_2 + \cdots + x_n}{n}$$

分散と標準偏差

n個のデータ（x_1〜x_n）があるとき，それぞれの偏差（へんさ：平均値からのずれ）を2乗したものをすべて合計し，nで割った値を「分散（ぶんさん）」という。分散は，データのばらつきぐあいを示す代表値だ。統計学では，ギリシャ文字σ（シグマ）の2乗を意味する「σ^2」であらわすことがある。

$$\text{分散}\,\sigma^2 = \frac{(x_1\text{の偏差})^2 + (x_2\text{の偏差})^2 + \cdots + (x_n\text{の偏差})^2}{n}$$

$$\text{標準偏差}\,\sigma = \sqrt{\text{分散}\,\sigma^2}$$

また，分散σ^2の正（非負）の平方根であるσを，「標準偏差（ひょうじゅんへんさ）」という。標準偏差も，データのばらつきぐあいをあらわす代表値としてよく使われる。

正規分布

右のような装置に上から玉を落とすと，玉はピンにぶつかるたびに，ピンの右か左へと落ちていく。それぞれの（右もしくは左に行く）確率を50%とすると，玉はピンにぶつかるたびに右か左かの二者択一を行いながら落ちていくといえる。

この装置に数多くの玉を落とすと，下にたまった玉は右図のようになる（分布する）。これを「正規分布（せいきぶんぷ）」とよぶ。自然界や社会でみられる現象の多くが正規分布にしたがっていることがわかっており，統計学の最も重要な基礎の一つになっている。

標本調査

ある集団から一部の対象を抜きだして調べ，全体（母集団：ぼしゅうだん）の特徴を推定することを「標本調査」という。標本（サンプル）とは抜きだす対象やデータのことで，集団から標本をランダムに抜きだすことを「無作為抽出（ランダム・サンプリング）」という。

標本調査では，サンプル・サイズ（標本の量）の平方根に反比例する「誤差（標本誤差）」の分だけ幅をもたせることで，信頼できる推定結果を示すことができる。

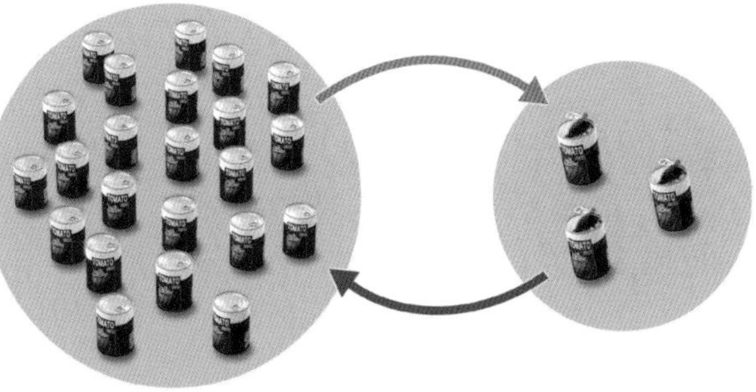

検定

二つの集団のデータ（たとえば，2クラスのテストの平均点，新薬を投与した集団としていない集団の治療成績など）に差があるとき，その差に統計的な意味があるかどうかを調べることを「検定（けんてい）」という。検定では，まず「二つの集団に差はない」という仮説（帰無仮説）を立て，この仮説のもとで結果の確率的なばらつき（分布）を考える。その分布において，データの差がある範囲におさまっているならば，仮説を採用して「二つの集団に差はない」と結論づける。データの差がある範囲をはずれていれば仮説を捨て，「二つの集団には差がある」と結論づける。

検定には106ページで紹介した「t検定」以外もあり，検定の対象となるデータの規模や種類に応じて，適切な方法が使われる。

相関と相関係数

xがふえるとyもふえる，あるいはxがふえるとyは減るという関係がみられることを「相関（そうかん）」という。前者を「正の相関」，後者を「負の相関」とよぶ。相関の指標となるのが，「相関係数（そうかんけいすう）」である。各データのxの偏差とyの偏差の積の平均σ_{xy}を「共分散（きょうぶんさん）」といい，相関係数は，共分散をxの標準偏差σ_xとyの標準偏差σ_yで割った値だ。

$$\text{相関係数 } r = \frac{\text{共分散 } \sigma_{xy}}{x\text{の標準偏差 } \sigma_x \times y\text{の標準偏差 } \sigma_y}$$

相関係数は，よく記号rであらわされる。rは－1から1までの値になり，rが1に近いほど正の相関が強く，－1に近いほど負の相関が強いとみなせる。相関があるとみなす閾値（いきち）は数学的に定められているわけではなく，相関が論じられる場面や研究分野によってことなる。また，強い相関がみられたからといって，二つの量の間に因果関係があることを意味するわけではないことに注意が必要だ。

統計のポイント
「式や用語のまとめ(ベイズ統計)」

条件付き確率

ある事象Aがおきたときに，別の事象Bがおきる確率を「条件付き確率」とよぶ。条件付き確率は，次のような計算式で求めることができる。

$$\text{AがおきたときにBがおきる確率} = \frac{\text{AとBがともにおきる確率}}{\text{Aがおきる確率}}$$

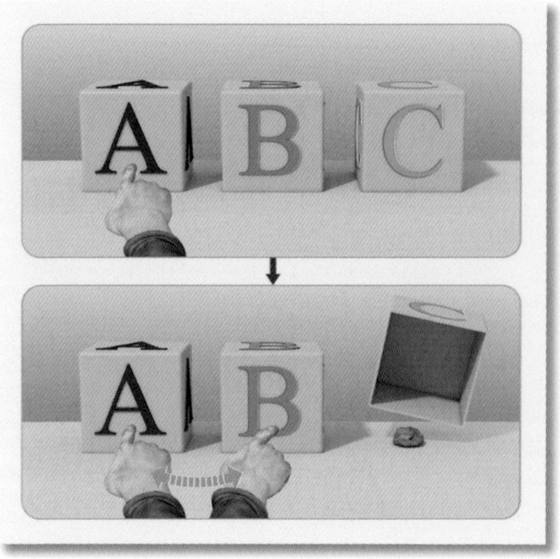

数学の記号を使って書くと，次のようになる。

$$P(B \mid A) = \frac{P(A \cap B)}{P(A)}$$

高校の教科書では，$P(B \mid A)$を$P_A(B)$と書く。

ベイズの定理

条件付き確率の式において，「AとBがともにおきる確率」は，次のように求める（置きかえる）ことができる。

$$\text{AとBがともにおきる確率} = \text{Bがおきる確率} \times \text{BがおきたときにAがおきる確率}$$

そのうえで式を変形すると，ベイズ統計の基本となる「ベイズの定理」をみちびくことができる。

$$\text{BがおきたときにAがおきる確率} = \frac{\text{AがおきたときにBがおきる確率} \times \text{Aがおきる確率}}{\text{Bがおきる確率}}$$

このベイズの定理に，「A＝原因，B＝結果」をあてはめることで，ある結果が得られたとき，その結果をもたらした原因の確率を求めることができる（↗）。

理由不十分の原則

ベイズ統計を使って，ある結果をもたらした原因の確率を求めようとするとき，計算に必要な情報（事前確率）がわからない場合がある。

ベイズ統計ではそんなとき，とりあえず「仮の確率」を使って計算することが認められている（理由不十分の原則）。基本的には等確率，たとえば選択肢が二つであれば「2分の1ずつ」，三つであれば「3分の1ずつ」であると考える。

ベイズ更新

ベイズ統計では，新しい結果（事後確率）が得られたとき，その情報を次の確率計算のための情報（事前確率）として利用することで，確率の値をどんどん更新していくことができる。これを「ベイズ更新」とよぶ。

ベイズの定理とベイズ更新を組み合わせれば，ある結果に至るまでの原因の確率を，さかのぼって計算することができる。また，「ベイジアンネットワーク」を使うと，複数の要因がからんで生じた結果から，その原因（要因）の確率を具体的に計算することができる。

ベイズの定理を数学の記号を使って書くと，下のような式になる。**P（A｜B）**は「事後確率」，**P（A）**は「事前確率」とよばれることがある。

$$P(A|B) = \frac{P(B|A) \times P(A)}{P(B)}$$

標準正規分布表（上側確率）

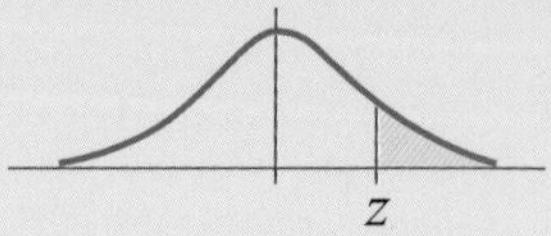

$Z = 0.00 \sim 3.99$ に対する，標準正規分布の上側確率（右上の図・赤色の領域）を示した表。たとえば $Z = 1.96$ のときは，「1.9」の行と「.06」の列が交差したマスの数字（0.02500）を見ればよい。

Z	.00	.01	.02	.03	.04	.05	.06	.07	.08	.09
0.0	0.50000	0.49601	0.49202	0.48803	0.48405	0.48006	0.47608	0.47210	0.46812	0.46414
0.1	0.46017	0.45620	0.45224	0.44828	0.44433	0.44038	0.43644	0.43251	0.42858	0.42465
0.2	0.42074	0.41683	0.41294	0.40905	0.40517	0.40129	0.39743	0.39358	0.38974	0.38591
0.3	0.38209	0.37828	0.37448	0.37070	0.36693	0.36317	0.35942	0.35569	0.35197	0.34827
0.4	0.34458	0.34090	0.33724	0.33360	0.32997	0.32636	0.32276	0.31918	0.31561	0.31207
0.5	0.30854	0.30503	0.30153	0.29806	0.29460	0.29116	0.28774	0.28434	0.28096	0.27760
0.6	0.27425	0.27093	0.26763	0.26435	0.26109	0.25785	0.25463	0.25143	0.24825	0.24510
0.7	0.24196	0.23885	0.23576	0.23270	0.22965	0.22663	0.22363	0.22065	0.21770	0.21476
0.8	0.21186	0.20897	0.20611	0.20327	0.20045	0.19766	0.19489	0.19215	0.18943	0.18673
0.9	0.18406	0.18141	0.17879	0.17619	0.17361	0.17106	0.16853	0.16602	0.16354	0.16109
1.0	0.15866	0.15625	0.15386	0.15151	0.14917	0.14686	0.14457	0.14231	0.14007	0.13786
1.1	0.13567	0.13350	0.13136	0.12924	0.12714	0.12507	0.12302	0.12100	0.11900	0.11702
1.2	0.11507	0.11314	0.11123	0.10935	0.10749	0.10565	0.10383	0.10204	0.10027	0.09853
1.3	0.09680	0.09510	0.09342	0.09176	0.09012	0.08851	0.08691	0.08534	0.08379	0.08226
1.4	0.08076	0.07927	0.07780	0.07636	0.07493	0.07353	0.07215	0.07078	0.06944	0.06811
1.5	0.06681	0.06552	0.06426	0.06301	0.06178	0.06057	0.05938	0.05821	0.05705	0.05592
1.6	0.05480	0.05370	0.05262	0.05155	0.05050	0.04947	0.04846	0.04746	0.04648	0.04551
1.7	0.04457	0.04363	0.04272	0.04182	0.04093	0.04006	0.03920	0.03836	0.03754	0.03673
1.8	0.03593	0.03515	0.03438	0.03362	0.03288	0.03216	0.03144	0.03074	0.03005	0.02938
1.9	0.02872	0.02807	0.02743	0.02680	0.02619	0.02559	0.02500	0.02442	0.02385	0.02330
2.0	0.02275	0.02222	0.02169	0.02118	0.02068	0.02018	0.01970	0.01923	0.01876	0.01831
2.1	0.01786	0.01743	0.01700	0.01659	0.01618	0.01578	0.01539	0.01500	0.01463	0.01426
2.2	0.01390	0.01355	0.01321	0.01287	0.01255	0.01222	0.01191	0.01160	0.01130	0.01101
2.3	0.01072	0.01044	0.01017	0.00990	0.00964	0.00939	0.00914	0.00889	0.00866	0.00842
2.4	0.00820	0.00798	0.00776	0.00755	0.00734	0.00714	0.00695	0.00676	0.00657	0.00639
2.5	0.00621	0.00604	0.00587	0.00570	0.00554	0.00539	0.00523	0.00508	0.00494	0.00480
2.6	0.00466	0.00453	0.00440	0.00427	0.00415	0.00402	0.00391	0.00379	0.00368	0.00357
2.7	0.00347	0.00336	0.00326	0.00317	0.00307	0.00298	0.00289	0.00280	0.00272	0.00264
2.8	0.00256	0.00248	0.00240	0.00233	0.00226	0.00219	0.00212	0.00205	0.00199	0.00193
2.9	0.00187	0.00181	0.00175	0.00169	0.00164	0.00159	0.00154	0.00149	0.00144	0.00139
3.0	0.00135	0.00131	0.00126	0.00122	0.00118	0.00114	0.00111	0.00107	0.00104	0.00100
3.1	0.00097	0.00094	0.00090	0.00087	0.00084	0.00082	0.00079	0.00076	0.00074	0.00071
3.2	0.00069	0.00066	0.00064	0.00062	0.00060	0.00058	0.00056	0.00054	0.00052	0.00050
3.3	0.00048	0.00047	0.00045	0.00043	0.00042	0.00040	0.00039	0.00038	0.00036	0.00035
3.4	0.00034	0.00032	0.00031	0.00030	0.00029	0.00028	0.00027	0.00026	0.00025	0.00024
3.5	0.00023	0.00022	0.00022	0.00021	0.00020	0.00019	0.00019	0.00018	0.00017	0.00017
3.6	0.00016	0.00015	0.00015	0.00014	0.00014	0.00013	0.00013	0.00012	0.00012	0.00011
3.7	0.00011	0.00010	0.00010	0.00010	0.00009	0.00009	0.00008	0.00008	0.00008	0.00008
3.8	0.00007	0.00007	0.00007	0.00006	0.00006	0.00006	0.00006	0.00005	0.00005	0.00005
3.9	0.00005	0.00005	0.00004	0.00004	0.00004	0.00004	0.00004	0.00004	0.00003	0.00003

t 分布表（上側確率）

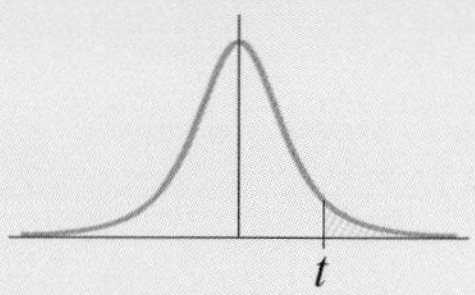

各自由度 ν《ニュー》（ν はサンプル・サイズから1を引いた数）の t 分布について，上側確率 α（右上の図・赤色の領域）に対する t の値を示した表。たとえば上側確率が0.025のとき，自由度が20なら $t = 2.086$，自由度が ∞ なら $t = 1.960$ である。t 分布は自由度が大きくなるにつれて，標準正規分布に近づく。

ν ＼ α	0.250	0.200	0.150	0.100	0.050	0.025	0.010	0.005	0.0005
1	1.000	1.376	1.963	3.078	6.314	12.706	31.821	63.657	509.295
2	0.817	1.061	1.386	1.886	2.920	4.303	6.965	9.925	28.26
3	0.765	0.979	1.250	1.638	2.353	3.182	4.541	5.841	11.98
4	0.741	0.941	1.190	1.533	2.132	2.776	3.747	4.604	8.12
5	0.727	0.920	1.156	1.476	2.015	2.571	3.365	4.032	6.54
6	0.718	0.906	1.134	1.440	1.943	2.447	3.143	3.707	5.71
7	0.711	0.896	1.119	1.415	1.895	2.365	2.998	3.500	5.2
8	0.706	0.889	1.108	1.397	1.860	2.306	2.897	3.355	4.86
9	0.703	0.883	1.100	1.383	1.833	2.262	2.821	3.250	4.62
10	0.700	0.879	1.093	1.372	1.813	2.228	2.764	3.169	4.44
11	0.697	0.876	1.088	1.363	1.796	2.201	2.718	3.106	4.3
12	0.696	0.873	1.083	1.356	1.782	2.179	2.681	3.055	4.19
13	0.694	0.870	1.080	1.350	1.771	2.160	2.650	3.012	4.1
14	0.692	0.868	1.076	1.345	1.761	2.145	2.625	2.977	4.03
15	0.691	0.866	1.074	1.341	1.753	2.131	2.603	2.947	3.96
16	0.690	0.865	1.071	1.337	1.746	2.120	2.584	2.921	3.91
17	0.689	0.863	1.069	1.333	1.740	2.110	2.567	2.898	3.86
18	0.688	0.862	1.067	1.330	1.734	2.101	2.552	2.878	3.82
19	0.688	0.861	1.066	1.328	1.729	2.093	2.540	2.861	3.79
20	0.687	0.860	1.064	1.325	1.725	2.086	2.528	2.845	3.75
21	0.686	0.859	1.063	1.323	1.721	2.080	2.518	2.831	3.73
22	0.686	0.858	1.061	1.321	1.717	2.074	2.508	2.819	3.7
23	0.685	0.858	1.060	1.320	1.714	2.069	2.500	2.807	3.68
24	0.685	0.857	1.059	1.318	1.711	2.064	2.492	2.797	3.66
25	0.684	0.856	1.058	1.316	1.708	2.060	2.485	2.787	3.64
26	0.684	0.856	1.058	1.315	1.706	2.056	2.479	2.779	3.62
27	0.684	0.855	1.057	1.314	1.703	2.052	2.473	2.771	3.6
28	0.683	0.855	1.056	1.313	1.701	2.048	2.467	2.763	3.59
29	0.683	0.854	1.055	1.311	1.699	2.045	2.462	2.756	3.58
30	0.683	0.854	1.055	1.310	1.697	2.042	2.457	2.750	3.56
50	0.679	0.849	1.047	1.299	1.676	2.009	2.403	2.678	3.42
60	0.679	0.848	1.046	1.296	1.671	2.000	2.390	2.660	3.39
80	0.678	0.846	1.043	1.292	1.664	1.990	2.374	2.639	3.35
99	0.677	0.845	1.042	1.290	1.660	1.984	2.365	2.626	3.32
100	0.677	0.845	1.042	1.290	1.660	1.984	2.364	2.626	3.32
120	0.677	0.845	1.041	1.289	1.658	1.980	2.358	2.617	3.31
240	0.676	0.843	1.039	1.285	1.651	1.970	2.342	2.597	3.266
∞	0.694	0.842	1.036	1.282	1.645	1.960	2.326	2.576	3.291

乱数表

0から9までの数字をランダムに配置した表で，物理乱数発生装置を用いて作成された。見やすいように，2個ずつの組にし，1行20組ずつ掲載している。

＊『乱数生成及びランダム化の手順』(日本工業規格(JIS))附属書Aの250行からなる乱数表を，一部引用。

93	90	60	02	17	25	89	42	27	41	64	45	08	02	70	42	49	41	55	98
34	19	39	65	54	32	14	02	06	84	43	65	97	97	65	05	40	55	65	06
27	88	28	07	16	05	18	96	81	69	53	34	79	84	83	44	07	12	00	38
95	16	61	89	77	47	14	14	40	87	12	40	15	18	54	89	72	88	59	67
50	45	95	10	48	25	29	74	63	48	44	06	18	67	19	90	52	44	05	85
11	72	79	70	41	08	85	77	03	32	46	28	83	22	48	61	93	19	98	60
19	31	85	29	48	89	59	53	99	46	72	29	49	06	58	65	69	06	87	9
14	58	90	27	73	67	17	08	43	78	71	32	21	97	02	25	27	22	81	74
28	04	62	77	82	73	00	73	83	17	27	79	37	13	76	29	90	70	36	47
37	43	04	36	86	72	63	43	21	06	10	35	13	61	01	98	23	67	45	21
74	47	22	71	36	15	67	41	77	67	40	00	67	24	00	08	98	27	98	56
48	85	81	89	45	27	98	41	77	78	24	26	98	03	14	25	73	84	48	28
55	81	09	70	17	78	18	54	62	06	50	64	90	30	15	78	60	63	54	56
22	18	73	19	32	54	05	18	36	45	87	23	42	43	91	63	50	95	69	09
78	29	64	22	97	95	94	54	64	28	34	34	88	98	14	21	38	45	37	87
97	51	38	62	95	83	45	12	72	28	70	23	67	04	28	55	20	20	96	57
42	91	81	16	52	44	71	99	68	55	16	32	83	27	03	44	93	81	69	58
07	84	27	76	18	24	95	78	67	33	45	68	38	56	64	51	10	79	15	46
60	31	55	42	68	53	27	82	67	68	73	09	98	45	72	02	87	79	32	84
47	10	36	20	10	48	09	72	35	94	12	94	78	29	14	80	77	27	05	67
73	63	78	70	96	12	40	36	80	49	23	29	26	69	01	13	39	71	33	17
70	65	19	86	11	30	16	23	21	55	04	72	30	01	22	53	24	13	40	63
86	37	79	75	97	29	19	00	30	01	22	89	11	84	55	08	40	91	26	61
28	00	93	29	59	54	71	77	75	24	10	65	69	15	66	90	47	90	48	80
40	74	69	14	01	78	36	13	06	30	79	04	03	28	87	59	85	93	25	73

江崎貴裕／えざき・たかひろ
東京大学先端科学技術研究センター特任講師。1988年，鹿児島県生まれ。東京大学工学部航空宇宙工学科卒業。博士(工学)。JSTさきがけ研究者，スタンフォード大学客員研究員などを経て，2020年より現職。東京大学総長賞，井上研究奨励賞など受賞。数理的な解析技術を武器に，幅広い分野の問題に取り組む。著書に『データ分析のための数理モデル入門』『分析者のためのデータ解釈学入門』がある。

小山信也／こやま・しんや
東洋大学理工学部教授。博士(理学)。東京大学理学部数学科卒業。専門分野は整数論，ゼータ関数論。主な著書に『数学をするってどういうこと？』『日本一わかりやすいABC予想』などがある。

今野紀雄／こんの・のりお
横浜国立大学大学院工学研究院教授。博士(理学)。1957年，東京都生まれ。東京大学理学部数学科卒業。専門は確率論。主な研究テーマは無限粒子系，量子ウォーク，複雑ネットワーク。著書に『図解雑学 確率』『図解雑学 確率モデル』『マンガでわかる統計入門』などがある。

高橋 啓／たかはし・けい
福岡工業大学准教授。博士（工学）。1977年，東京都生まれ。東北大学工学部土木工学科卒業。専門はマーケティング。主な研究テーマは，マーケティング，機械学習，ベイズ統計など。

田村 秀／たむら・しげる
長野県立大学教授。博士（学術）。1962年生まれ，北海道出身。東京大学工学部都市工学科卒業。専門は行政学，地方自治。主な研究テーマは，データリテラシー，地方自治，政策形成論。著書に『データ・リテラシーの鍛え方』『データの罠 世論はこうしてつくられる』『ランキングの罠』などがある。

友野典男／ともの・のりお
明治大学大学院情報コミュニケーション研究科兼任講師。1954年，埼玉県生まれ。早稲田大学商学部卒業。早稲田大学大学院経済学研究科博士後期課程退学。明治大学情報コミュニケーション学部教授(2004年～2019年)。専門は行動経済学，ミクロ経済学。研究テーマは，現実の人間行動から経済を追求すること。

深谷肇一／ふかや・けいいち
国立環境研究所生物多様性領域主任研究員。博士（環境科学)。1984年，北海道生まれ。北海道大学理学部生物科学科卒業。専門は個体群生態学，群集生態学，統計生態学。著書・訳書に『サンプリングって何だろう ―統計を使って全体を知る方法』(共著),『生態学のための階層モデリング―RとBUGSによる分布・個体数量・種の豊かさの統計解析―』(監訳）などがある。

薮 友良／やぶ・ともよし
慶應義塾大学商学部教授。Ph.D.。1974年，千葉県生まれ。法政大学経済学部経済卒業。専門は計量経済学。主な研究テーマは，構造変化と単位根の研究など。著書に『入門 実践する統計学』がある。

Photograph

005	monticellllo/stock.adobe.com
020 ― 021	Nejron Photo/stock.adobe.com
026 ― 027	deagreez/stock.adobe.com
042 ― 043	Chinnapong/stock.adobe.com
052 ― 053	Maksim Shmeljov/stock.adobe.com
054 ― 055	Sergey/stock.adobe.com
064 ― 065	Kt Stock/stock.adobe.com
072 ― 073	Polaris/amanaimages
079	Science Photo Library/アフロ
082 ― 083	統計数理研究所
112	Spiroview Inc/Shutterstock.com
115	Sittipong Phokawattana/Shutterstock.com, Tatiana Gorlova/Shutterstock.com
122 ― 123	SPL/PPS通信社, Georgios Kollidas/stock.adobe.com
132 ― 133	Zamrznuti tonovi/stock.adobe.com
142 ― 143	TT News Agency/アフロ
155	Bernd Lammel/Newton Press
156 ― 157	Gapminder Foundation
158	khemfoto/stock.adobe.com
159	ali/stock.adobe.com
172 ― 173	Top Photo/Cynet Photo
178 ― 179	WavebreakMediaMicro/stock.adobe.com
180 ― 181	monticellllo/stock.adobe.com
182 ― 183	Phodo Design/stock.adobe.com

Staff

Editorial Management	木村直之
Editorial Staff	中村真哉
	上島俊秀
DTP Operation	髙橋智恵子
Design Format	岩本陽一
Cover Design	岩本陽一
Writer	山田久美

Illustration

002	Newton Press, absent84/stock.adobe.com, mayucolor/stock.adobe.com, Microstocker.Pro/stock.adobe.com
003	Newton Press, J BOY/stock.adobe.com
002 — 003	xyz+/stock.adobe.com
006	ONYXprj/stock.adobe.com
008 — 009	Newton Press
010	Erica Guilane-Nachez/stock.adobe.com
011	Newton Press, (ガリレオ)小﨑哲太郎
012 — 013	Newton Press
014 — 015	Newton Press, blueringmedia/stock.adobe.com
016 — 017	Newton Press, (パスカル・フェルマー)小﨑哲太郎
018 ～ 043	Newton Press
044 — 045	Newton Press・Nikolay Popov/stock.adobe.com
046 — 047	Newton Press
048 — 049	富﨑NORI
050 ～ 059	Newton Press
060	福本伸行『賭博黙示録カイジ』(講談社)
061 — 062	Newton Press
064	natatravel/stock.adobe.com
066 ～ 070	Newton Press
074 — 075	Newton Press, ylivdesign/stock.adobe.com
076 ～ 078	Newton Press
079	広島大学 松本 眞
080 — 081	Newton Press
084	Newton Press
086 — 087	apinan/stock.adobe.com
088 ～ 099	Newton Press
100 — 101	Newton Press, 夏妃吉野/stock.adobe.com
102 ～ 106	Newton Press
107	Newton Press, MicroOne/stock.adobe.com
108 — 109	Newton Press
110	rakugakidesign/stock.adobe.com
110 ～ 132	Newton Press
134 — 135	Newton Press, SpicyTruffel/stock.adobe.com
136	Zerbor/stock.adobe.com
137	hisa-nishiya/stock.adobe.com
138 ～ 163	Newton Press
164 — 165	Newton Press, Sensvector/stock.adobe.com
166 ～ 171	Newton Press
174 ～ 182	江崎貴裕『データ分析のための数理モデル入門 ～本質をとらえた分析のために～』(ソシム)よりグラフ等を引用(※以下同)
184 — 185	江崎貴裕, Panithan/stock.adobe.com
186 — 187	江崎貴裕, Nuthawut/stock.adobe.com
188 — 189	江崎貴裕, denisismagilov/stock.adobe.com
190 — 191	江崎貴裕, Sensvector/stock.adobe.com
192	Liubov/stock.adobe.com
194 ～ 205	Newton Press
207	VectorMine/stock.adobe.com

初出(内容は一部更新のうえ, 掲載しています)

世論調査の正しい知識(Newton 2008年8月号)
統計の威力(Newton 2013年12月号)
ランダムと乱数の奇妙な世界(Newton 2018年9月号)
ゼロからわかる統計と確率(Newton別冊 2018年9月)
確率パズル(Newton別冊 2019年10月号)
統計と確率(Newton 2019年4月号)
中高の数学(Newton 2021年3月号)
パズルで身につく数学的思考(Newton 2022年7月号) ほか

Newtonプレミア保存版シリーズ
確率, ベイズ統計, 数理モデルまで, すべてがわかる

統計

本書はニュートン別冊『ゼロからわかる統計と確率 改訂第2版』を
増補・再編集し, 書籍化したものです。

2022年12月20日発行

発行人 高森康雄
編集人 木村直之
発行所 株式会社ニュートンプレス
〒112-0012 東京都文京区大塚3-11-6
https://www.newtonpress.co.jp